VIAGGIO NEL MONDO DEI SOGNI

STORIA, TIPOLOGIE ED INTERPRETAZIONI DEI SOGNI

STUDIO E ANALISI
A CURA DI:
FRATELLO GABRIEL

Titolo | VIAGGIO NEL MONDO DEI SOGNI
Autore | FRATELLO GABRIEL

ISBN | 979-12-22763-51-4

Youcanprint
Via Marco Biagi 6, 73100 Lecce
www.youcanprint.it
info@youcanprint.it

DEDICO LA MIA OPERA DI SCRITTORE:

a Dio, poiché mi ha dato LA FEDE,

alla Vita, poiché mi ha dato LA SPERANZA,

a mia Madre, poiché mi ha dato L'AMORE.

BIOGRAFIA DELL'AUTORE

Fratello Gabriel è nato in Italia il primo Aprile del 1996.
È un filosofo della natura ed un filosofo cristiano, nonché un uomo di formazione scientifica e di spiritualità cristiana.
È uno studioso, appassionato di storia, scienza, letteratura, teologia, con un particolare amore per la filosofia, che riconosce come la prima di tutte le scienze, nonché il fondamento della scienza stessa, identificando tra i doveri fondamentali del filosofo quello di cercare di conoscere ogni forma di scienza all'uomo disponibile così da avere una comprensione più ampia della realtà, per poter così assolvere in maniera più efficiente al suo dovere di dispensatore di saggezza nonché punto di riferimento della società umana.
Dopo aver dedicato anni allo studio personale, sua grande passione (che non ha mai abbandonato), ha deciso di iniziare a condividere con altri il frutto delle sue ricerche, più precisamente il frutto delle sue riflessioni critiche e analisi logiche in merito alle sue ricerche, sperando che il suo pensiero filosofico possa fungere da ispirazione

ad altri, promuovendo cosi la filosofia, l'istruzione, lo studio, la ricerca, il libero pensiero ed in generale, tutto ciò che porti l'uomo ad una maggiore comprensione del tutto.

ONESTÀ INTELLETTUALE DELL'AUTORE

Essendo questa raccolta di conoscenze il frutto della mia ricerca personale, nonché della mia personale analisi critica e riflessione filosofica, mi prendo la piena ed esclusiva responsabilità di quanto affermato in quest'opera, ritenendo le affermazioni qui presentate valide e veraci ai miei occhi (frutto dunque del mio impegno intellettuale), ma soprattutto, frutto di una ricerca genuina e sincera, non basata su pregiudizi e preconcetti, ed assolutamente priva in ogni caso di qualunque tentativo di manipolazione e distorsione della realtà per scopi propagandistici, personali, o di altra natura. Parlando nel dettaglio di questa opera è doveroso da parte mia evidenziare che il testo, l'analisi filosofica, le mappe concettuali e le tabelle sono state prodotte esclusivamente dalle mie capacità creative ed intellettuali, le citazioni dei testi antichi sono state estrapolate dalla consultazione diretta dei suddetti testi (non ho preso tali contenuti da fonti discutibili che potrebbero averne cambiato il senso ma ho studiato direttamente dai libri), i riferimenti alle scienze naturali li ho estrapolati dalla consultazione di testi scientifici presenti nella biblioteca di famiglia (i contenuti scientifici sono riscontrabili in qualunque testo scientifico attualmente in commercio) mentre le illustrazioni utilizzate sono state da me create con il supporto dell'intelligenza artificiale e di altri programmi digitali di modifica e creazione immagini, oltre ad alcune immagini di libero utilizzo (pagine 10, 194, 205 e 206).

LETTERA DEDICATA AI LETTORI

I sogni sono da sempre un elemento fondamentale dell'esistenza umana, e nelle loro miriadi di sfaccettature e caratteristiche costituiscono uno dei più grandi misteri della nostra vita.
Questo libro si pone l'obiettivo di farvi compiere un incredibile viaggio in quel meraviglioso posto che è il mondo dei sogni.
Lo scopo di questo saggio filosofico è quello di far luce su questo mondo come definito prima incredibile e misterioso, aiutandovi a comprendere quale sia la natura dei sogni, quale sia il loro scopo, quale sia la loro storia, quali siano le chiavi di lettura maturate nel corso del tempo e le pratiche a essi associate ma soprattutto…
come interpretare i messaggi in essi contenuti cosi da comprenderne il significato e svelarne tutti gli arcani segreti.

Ricordate

…

imparare a comprendere, analizzare ed interpretare i sogni, renderà la vostra vita migliore, vi aiuterà a conoscere e comprendere la parte più profonda di se stessi, vi permetterà di avere una salute fisica e mentale più forte, uno spirito più dinamico…

in poche parole…

cambierà la vostra vita per sempre…

a questo punto, non ci resta altro da fare miei cari lettori che iniziare insieme questa grande avventura, dunque vi auguro sinceramente una buona lettura ma soprattutto…

BUON VIAGGIO!

COS'È IL SOGNO?

Tenendo conto delle possibili implicazioni di tipo religioso, spirituale e culturale diventa davvero complesso dare nell'immediato una definizione del sogno che sia per tutti completa ed esaustiva.

Per quanto si tratti di una domanda apparentemente semplice, in realtà nasconde al suo interno una quantità estremamente grande di incognite, così che nell'atto concreto non vi si possa applicare una risposta rapida e sbarazzina, a meno non si voglia evitare l'argomento stesso (cosa impensabile essendo tale domanda tappa fondamentale del nostro viaggio).

Al fine di comprendere correttamente la natura del sogno bisogna innanzitutto collocarlo nel giusto contesto storico.

Partendo da questo principio sembra quasi poetico dover affermare che le origini storiche del sogno superano il concetto di storia stessa, perdendosi dunque nella notte dei tempi.

SOGNARE NELLA NOTTE DEI TEMPI

NOTA DELL'AUTORE

Essendo la preistoria un trascorso temporale in confronto a noi estremamente vasto, iniziato circa 2,5 milioni di anni fa, occorre precisare che in questa parte del libro parlando della preistoria non si intenderà tutto l'arco temporale (dal Pleistocene fino a metà dell'Olocene) ma bensì un periodo che oscilla tra i 75.000 ed i 5.500 anni fa, periodo in cui compare l'uomo per come lo conosciamo noi (potremmo definirlo anche come un uomo domestico, uomo moderno o uomo a immagine di Dio) con le capacità intellettive e creative che ci contraddistinguono dal resto del regno animale.

Inoltre (a motivo di tale presupposto) con il termine uomo indicheremo esclusivamente l'Homo sapiens (o Homo sapiens sapiens secondo la vecchia classificazione ancora sostenuta da alcuni) tralasciando dunque tutte quelle specie umane non rientranti in tale insieme che però tratteremo nel capitolo inerente gli animali.

Fin dalla preistoria
possiamo notare come i
sogni abbiano
profondamente
influenzato la cultura del
tempo, nonché la
concezione che quegli
uomini avevano del
mondo, la quale avveniva
in funzione di una
particolare analisi
interpretativa.
Ne troviamo tale prova
all'interno di un
fenomeno artistico

(parliamo dunque di una vera e propria forma d'arte) chiamato
"pittura rupestre".
Questa interessante forma d'arte (proiezione primordiale di una
mente già in quell'epoca estremamente complessa, piena di lacune
conoscitive, ma nello stesso tempo desiderosa di trovare delle
risposte) assume nel suo complesso una variegata quantità di
sfaccettature che rendono ogni opera unica nel suo genere, ed è
proprio in questa moltitudine di soggetti che vediamo l'affermarsi
di una figura utile ai fini della nostra ricerca.
Addentrandoci all'interno delle "Grotte di Lascaux" vediamo nella
moltitudine di pitture una raffigurazione detta "L'uomo e il
bisonte".
In questa raffigurazione possiamo vedere l'uomo durante la fase
REM nel pieno atto di sognare quello che costituisce l'oggetto del
suo desiderio, la preda tanto agognata, che nel sogno tanto propizia
quanto il suo cuore brama.

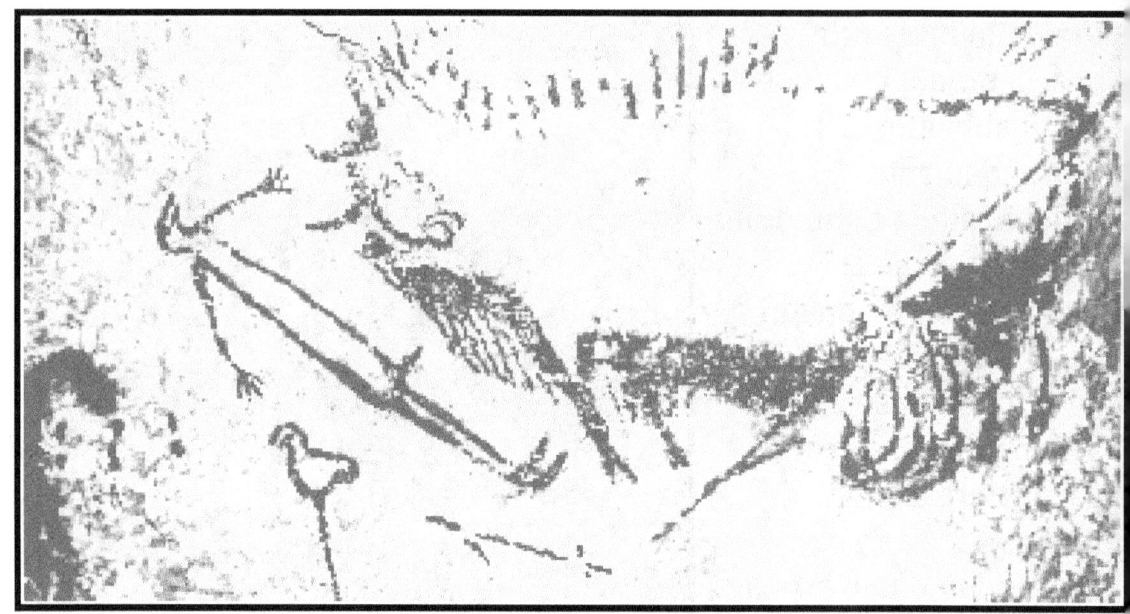

(si ipotizza che l'uomo stia dormendo dalla posizione assunta rispetto a quella del bisonte, la quale indica che l'uomo è sdraiato in posizione supina).

L'ipotesi che sia nella fase del sonno REM è dovuta alla presenza dell'organo maschile in erezione, detta anche
"erezione notturna involontaria", la quale, nel caso degli uomini avviene proprio durante la fase di sonno REM, che come sostiene la scienza contemporanea è la fase del
sonno all'interno della quale avvengono i sogni, mostrando quindi il bisonte raffigurato non come un animale reale, ma bensì come un elemento del sogno che l'uomo sta vivendo in quel momento.

NOTA DELL'AUTORE

Essendo le pitture rupestri risalenti ad un periodo antecedente la nascita della scrittura non è possibile sapere in effetti chi sia l'autore dell'opera (potrebbe addirittura non essere stato un membro della nostra specie) né quale sia il significato reale di quest'ultima, di conseguenza per onestà intellettuale è

Dal desiderio di comprendere ciò che percepiamo intorno a noi nasce quindi la necessità di interpretare, la quale, in assenza di una metodica scientifica o in generale di un analisi filosofica porta inevitabilmente l'uomo ad una concezione esclusivamente animistica del sogno (in maniera riassuntiva l'animismo si definisce come un'insieme di credenze basate sull'idea che dietro i vari fenomeni dell'universo vi siano forze "superiori" come anime, spiriti, dee e dei che gestiscono e muovono il tutto, inoltre si crede anche che gli spiriti non solo muovano il tutto ma ne siano anche parte integrante, così che ogni cosa, persona o animale di per sé possegga al suo interno uno spirito), la quale, nella sua misticità, per quanto avvicini comunque l'uomo al mondo sovrannaturale stimolando la sua percezione spirituale, affievolisce allo stesso tempo i lumi della ragione umana allontanando l'uomo dalla possibilità di una visione razionale del mondo.

All'interno di questo modus operandi il ruolo predominante viene indubbiamente svolto dalla verità di percezione.

Per "Verità di percezione" si intendono tutte quelle idee o credenze considerate vere poiché basate sulle nostre personali esperienze, per fare degli esempi:

1)mettiamo la mano sul fuoco, ci scottiamo, dunque il fuoco brucia, **VERO** (in funzione del sistema tattile),

2)vediamo il sole sorgere e tramontare da una parte all'altra della terra, dunque il sole gira intorno la terra, **VERO** (in funzione della relatività di moto dei corpi fisici al sistema di riferimento, in questo caso, sistema antropocentrico),

3)vediamo il sole, la luna e le stelle girare intorno a noi, dunque noi siamo al centro dell'universo, **FALSO** (in funzione dei limiti percettivi dell'uomo rispetto alla struttura del sistema solare).

Per quanto (come lo stesso Galileo Galilei affermò nei suoi studi sulla Luna) la verità di percezione sia fondamentale nella ricerca della verità poiché fornisce all'uomo "l'impetus" necessario per stabilire le basi sulle quali poi la ragione costruirà il pensiero logico, trovando dunque la verità dietro il mistero, sta di fatto però che limitarsi alla suddetta verità di percezione non proseguendo in una ricerca più razionale e metodica porta inevitabilmente alla repressione del ragionamento logico (basato sul pensiero astratto) ma in particolare del pensiero critico.

Il sogno assume di conseguenza un tono sovrannaturale, divenendo un canale intermediario tra l'uomo ed il cosmo, tra il mondo della carne ed il mondo dello spirito, tra il regno dei vivi...e quello dei morti.

Tutto ciò porterà nel tempo lo sviluppo di vari concetti religiosi tipici del mondo antico.

Di seguito proviamo a ricostruire il percorso logico di sviluppo graduale di alcuni concetti religiosi fondamentali:

l'uomo preistorico, indistintamente che fosse nomade o sedentario, alloggiava in luoghi, ripari naturali (classico esempio sono le caverne dalle quali nasce appunto lo stereotipo "L'uomo delle caverne") o artificiali (come tende, capanne, costruzioni architettoniche prediluviane o palafitte) che garantivano un riparo relativamente sicuro dai pericoli.

Mentre sognavano si ritrovavano improvvisamente in luoghi, contesti di ambientazioni estremamente diversi da quelli scelti per passare la notte, per poi risvegliarsi e ritrovarsi improvvisamente di nuovo nei loro accampamenti.

Gli uomini della preistoria basavano gran parte delle loro conoscenze sull'esperienza di vita vissuta, utilizzavano cioè come punto di riferimento la sopra citata verità di percezione (ciò che percepisco e che sto dunque vivendo in prima persona è inequivocabilmente reale poiché lo percepisco, ciò che non riesco a percepire, probabilmente non lo è in quanto altrimenti lo percepirei), ed essendo il sogno un esperienza che loro vivevano, a volte in maniera anche estremamente intensa, iniziarono a considerarla un esperienza sensoriale al pari di quelle avvenute nel mondo fisico.

Ma come poteva essere possibile tutto questo? Come poteva un essere umano ritrovarsi in luoghi cosi distanti per poi ritornare indietro come se non avesse mai abbandonato il suo giaciglio?

Ciò che maggiormente confondeva erano gli stessi elementi che costituivano il sogno, citando alcuni esempi gli antichi sognavano di volare, sognavano i loro cari defunti, i membri deceduti del loro clan, del loro villaggio ma soprattutto della loro famiglia, si sognava di essere qualcun altro, si sognava di essere qualcos'altro (in particolare si sostiene che il loro intenso legame con la natura e la fauna dell'epoca portasse quegli uomini non solo a sognare gli animali ma anche a sognare di essere loro stessi trasformati in animali).
Come poteva qualcosa di cosi strano, incredibile e per certi versi assurdo avere un senso?
Per essere possibile tutto questo doveva essere presente all'interno dell'essere umano qualcosa che fosse legato al suo corpo come le membra della medesima carne ma che all'occorrenza se ne potesse separare, un qualcosa di abbastanza veloce da poter viaggiare lontano nel cosmo e tornare indietro in tempo per svegliarsi repentinamente al ruggito reboante di un super predatore pleistocenico, qualcosa di abbastanza potente da trasformare la natura stessa dell'uomo nella mega fauna che tanto ammirava, ma allo stesso tempo abbastanza leggero da poter volare come sulle ali dell'aurora, ma soprattutto...abbastanza resistente da sopravvivere a qualsiasi cosa, anche alla morte stessa;
spesso infatti si sognavano le persone addormentate nel sonno della morte, persone che chiaramente non esistevano più sul piano fisico, eppure continuavano a essere vive, animate e nitide in quell'assurdo luogo che era quello dei sogni, un mondo dove la realtà quotidiana non aveva più il predominio e dove ciò che nelle loro menti ancora inesperte sembrava essere il senso comune delle cose, lasciava spazio ad un qualcosa di diverso, di lontano dal mondo fisico, ma di così realistico da non poter essere altro che vero.

Nasce cosi il concetto di spirito (il che non significa che in quel momento sia stato inventato, esso, secondo la logica, doveva già esistere da prima e doveva essere indivisibilmente legato alla vita indistintamente dalle credenze umane, semplicemente è in quel periodo che ne è stata coniata l'idea!), e di realtà spirituale, la quale si lega indivisibilmente al sogno che diventa dunque uno strumento di transizione tra la realtà materiale e l'immateriale, lasciando dunque spazio per la costruzione nel tempo di pratiche religiose e spirituali come in particolare...

Il VIAGGIO SCIAMANICO

&

L'ONIROMANZIA

SOGNARE NELLA PREISTORIA

Specie di riferimento:	Homo sapiens
Periodo di riferimento:	75.000-5.500 anni fa
Metodo di analisi:	Verità di percezione
Esperienze vissute in sogno:	volare, vedere e/o comunicare con i defunti, trasformazione e/o perdita del corpo fisico, trasmutazione
Credenze sviluppate sui sogni:	spiriti immortali, mondo degli spiriti, animismo, sciamanesimo, religioni
Pratiche sviluppate sui sogni:	oniromanzia, viaggio sciamanico

Essendo l'oniromanzia ed il viaggio sciamanico due pratiche fondamentali per capire come gli antichi comprendevano, percepivano ed interpretavano i sogni, di seguito proviamo ad affrontarli nell'atto di coglierne il maggior numero di sfaccettature possibili (sempre rimanendo nel tema del nostro viaggio)...

NOTA DELL'AUTORE

Diventa mia premura precisarvi che nelle pagine che seguono ho preferito trattare i temi del viaggio sciamanico e dell'oniromanzia da un punto di vista puramente descrittivo, privo cioè di qualunque sentimento avverso o favorevole, esaltante o denigratorio, senza introdurre nella descrizione pareri strettamente personali o interpretazioni parziali che si rifanno a particolari correnti filosofiche o religiose, tralasciando inoltre una consistente analisi critica inerente la loro validità, cosa indubbiamente da valutare a livello personale confrontando le informazioni ed interpretazioni che seguono con quelle che tratteremo nel contesto successivo alla rivoluzione scientifica.

IL VIAGGIO SCIAMANICO

Il viaggio sciamanico (nome che fa un chiaro riferimento allo sciamanesimo ed in senso più generale all'animismo, all'interno dei quali questa pratica è molto diffusa), detto anche viaggio astrale (che in quest'altro caso fa riferimento invece ad un viaggio al di fuori dell'atmosfera verso gli astri, i quali verrebbero considerati una manifestazione fisica degli spiriti superiori o degli dei, indicando così il "viaggio astrale" come sinonimo di "viaggio nel mondo spirituale") è un esperienza mistica di tipo trascendentale.

Secondo gli aderenti a questa antica pratica, durante questa esperienza il nostro spirito lascia temporaneamente il nostro corpo per addentrarsi in un viaggio nei vari regni spirituali (in parallelo alle esperienze oniriche dei sognatori preistorici).

Il viaggio in questa misterica  dimensione avviene grazie ad uno stato alterato di coscienza indotto tramite varie tecniche come la musica dei tamburi o del singolo tamburo, gli Icaros (i canti sciamanici), l'utilizzo di sostanze psicoattive, il mantra o altre tecniche di "controllo", "gestione" o addirittura "manipolazione" della mente come ipnosi o meditazione intensa (vi è dunque un tentativo di addormentare la nostra coscienza, simulando lo stato che precede i sogni).

Il viaggio sciamanico ha dunque secondo il pensiero animista lo scopo sostanziale di ritrovare se stessi, permettere all'individuo di conoscere il suo vero **IO**, al fine di riappropriarsi di quella parte di noi primitiva, istintiva, emotiva ed inconscia.

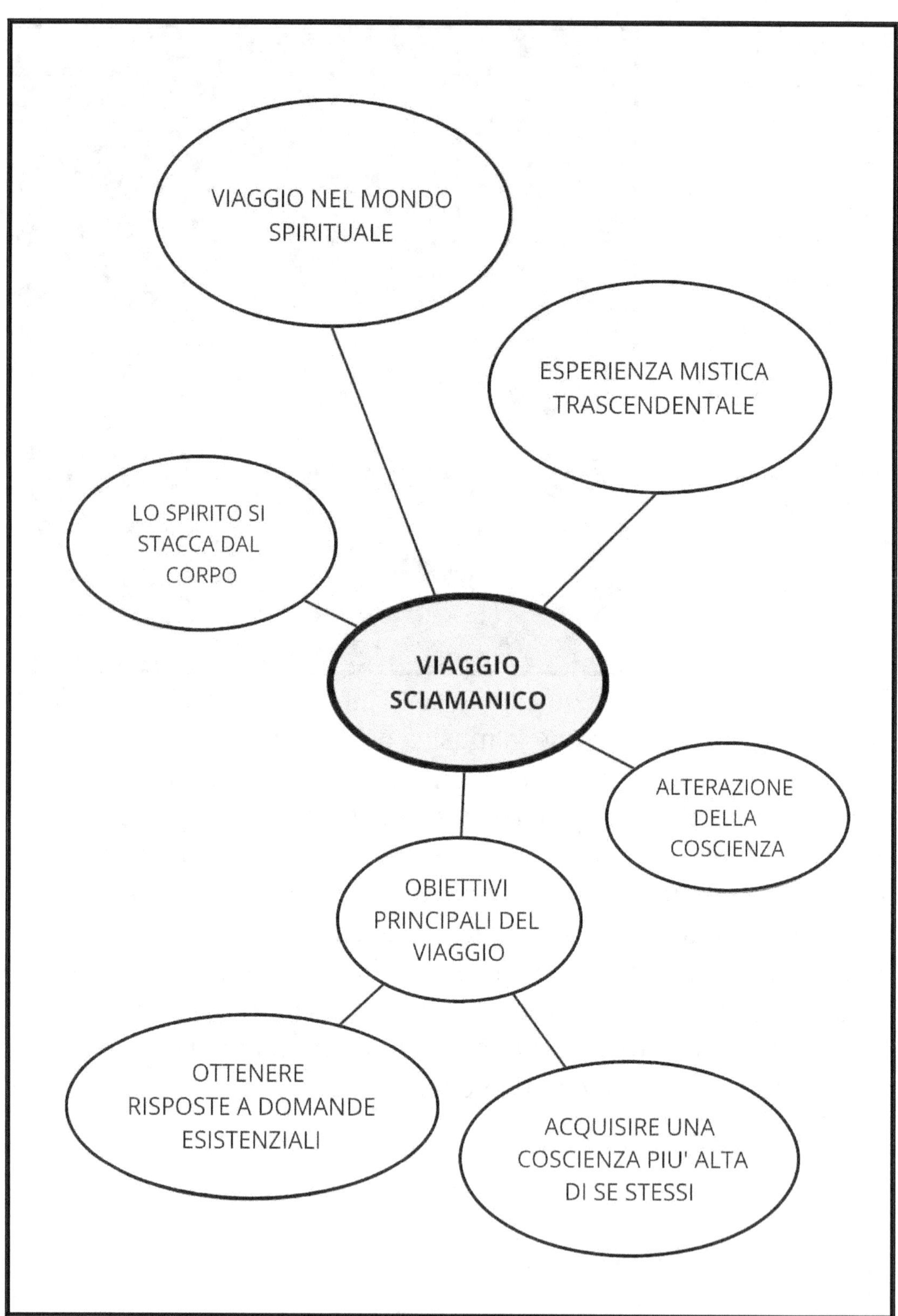

VIAGGIO NEL MONDO SPIRITUALE
ESPERIENZA MISTICA TRASCENDENTALE
LO SPIRITO SI STACCA DAL CORPO
VIAGGIO SCIAMANICO
ALTERAZIONE DELLA COSCIENZA
OBIETTIVI PRINCIPALI DEL VIAGGIO
OTTENERE RISPOSTE A DOMANDE ESISTENZIALI
ACQUISIRE UNA COSCIENZA PIU' ALTA DI SE STESSI

L'ONIROMANZIA

L'oniromanzia (dalle parole greche "ònar" ovvero "sogno" e "manzia" ovvero "arte", dunque "l'arte dei sogni") è una pratica divinatoria (la divinazione si definisce a sua volta come "l'arte di predire il futuro") che consiste di conseguenza nella predizione di eventi futuri per mezzo dei sogni, i quali a loro volta vengono identificati come rivelazioni mistiche di un proprio futuro o di alcuni elementi rifacenti sempre a questioni inerenti il futuro. L'oniromanzia era considerata nel mondo antico come la forma più affidabile di interpretazione dei sogni e possiamo dire con abbastanza fermezza che questa pratica ha influito in maniera rilevante in alcuni momenti fondamentali della storia dell'uomo. Questa incredibile capacità non viene quasi mai dalle abilità innate dell'indovino ma bensì da entità superiori, come ad esempio gli angeli e i demoni o dagli dei, i quali, essendo gli unici in grado di interpretare correttamente i sogni decidono arbitrariamente cosa e quando rivelare all'indovino che li ha invocati.
Per comprendere meglio questa pratica, i consequenziali praticanti e dunque come in funzione di tale pratica i sogni siano stati

interpretati vi propongo alcuni interessanti esempi di indovini (ed in generale di visioni oniromantiche) presi da antichi testi sacri. Cercherò di riportare i versi di questi testi allegandovi dei commenti che li contestualizzino in maniera accurata e che li interpretino in maniera pulita ed appropriata.

LA BIBBIA

Come sappiamo, essendo la Bibbia ("l'ispirata parola di Dio" o "le sacre scritture cristiane") prima di tutto un valore spirituale (quindi un idea, un concetto, un qualcosa di astratto e immateriale) e solo in seguito un libro fisico (concretizzazione del sacro verbo in opera scritta) ne esistono svariate edizioni e traduzioni, le quali, essendo state tradotte da diversi autori (di credenze e fedi religiose diverse) presentano inevitabilmente delle "divergenze minori" (come ad esempio il numero dei libri, la divisione e l'organizzazione dei suddetti libri e dei loro rispettivi capitoli e versi, la presenza di libri o versi considerati ispirati, spuri o apocrifi, e infine la scelta di tradurre determinati versi secondo un interpretazione prestabilita, arbitraria o comunque incline ad un percorso di fede religiosa in particolare).

Essendo dunque queste divergenze minori a tratti molto ampie, ho personalmente scelto di consultare per questa trattazione uno svariato numero di edizioni bibliche, così da poter garantire l'esposizione di un testo affidabile e dal contenuto coerente, ma soprattutto non influenzato da dottrine religiose.

È dunque in funzione di questa ricca consultazione che verranno usati i seguenti versi così da permettere l'esposizione dei concetti e delle storie bibliche in modo da sfuggire alle interpretazioni dogmatico-religiose e permetterne (per mezzo di questo confronto) un analisi filosofica più genuina e fedele possibile a quello che doveva essere il racconto originale (come dice uno stesso proverbio biblico, "Con **molti consiglieri** si ottengono **molti risultati**").

L'esempio più famoso di indovino è citato nella "Tanakh" (la Bibbia ebraica, conosciuta nel cristianesimo anche come "Antico testamento" o "Sacre Scritture ebraico-aramaiche").

Si tratta di un eberita (antenato degli ebrei) di nome Giuseppe figlio di Giacobbe, detto anche Israele (possiamo definirlo come uno dei primi israeliti della storia), spesso soprannominato "il Re dei sogni", vissuto in Egitto approssimativamente intorno al 1750 avanti Cristo.

La sua storia viene riportata nel libro della Genesi dal capitolo 37 fino al capitolo 50 (ultimo capitolo della Genesi).

In particolare, inerente al tema dell'oniromanzia, sono degni di riflessione i seguenti versetti:

dunque Giuseppe fece un sogno e
lo raccontò ai suoi fratelli
e per questo lo odiarono ancora di più.
(Genesi 37:5)

Egli disse loro: "Ascoltate, vi prego,
il sogno che ho fatto.
(Genesi 37:6)

Noi stavamo legando dei covoni
in mezzo al campo,
quando ecco
il mio covone si innalzò e rimase diritto,
ed ecco,
i vostri covoni invece si riunirono intorno e
si prostrarono davanti al mio".
(Genesi 37:7)

Allora i suoi fratelli gli risposero:
"Stai dicendo che regnerai su di noi e ci dominerai?".
E lo odiarono ancora di più,
a motivo
dei suoi sogni e delle sue parole.
(Genesi 37:8)

Successivamente Giuseppe fece
ancora un altro sogno e
lo raccontò a suo padre ed
ai suoi fratelli,
dicendo:
"Ho fatto un altro sogno!
Ed ecco il sole,
la luna e undici stelle
si prostravano davanti a me."
(Genesi 37:9)

(Il sogno di Giuseppe lo pone dunque come massima autorità di un intero sistema,
prevedendo dunque il ruolo che avrebbe assunto in Egitto)

Egli lo raccontò a suo padre e ai suoi fratelli;
ma suo padre lo rimproverò e gli disse:
"Qual è dunque il significato del sogno che hai fatto?
Dovremmo proprio io,
tua madre e i tuoi
fratelli venire a inchinarci a terra a te?"
(Genesi 37:10)

E i suoi fratelli lo invidiavano,

ma suo padre serbava la cosa dentro di sé
(Genesi 37:11)

COMMENTO

Durante la sua giovinezza Giuseppe dimorò con la sua famiglia nel paese di Canaan, dove si dedicavano ad una vita di agricoltura e pastorizia.

Secondo il testo biblico Giuseppe era figlio prediletto di suo padre, cosa che portò conseguentemente i suoi fratelli a generare sentimenti di avversione e invidia nei suoi confronti.

Infine, mossi da questi sentimenti decisero di venderlo a degli schiavisti i quali, lo portarono in Egitto per rivenderlo a loro volta come schiavo.

In quella stessa notte,
il coppiere e il panettiere del re d'Egitto,
che erano entrambi rinchiusi nella prigione,
fecero un sogno,
ognuno il suo sogno,
con il suo significato specifico.
(Genesi 40:5)

Il mattino dopo,
Giuseppe andò da loro
e li guardò,
e vide che
loro erano preoccupati.
(Genesi 40:6)

Allora egli interrogò i funzionari di Faraone
che erano con lui in prigione

nella casa del suo padrone e disse:
"Perché oggi siete così tristi?"
(Genesi 40:7)

Loro gli risposero:
"Abbiamo fatto un sogno ma
non vi è nessuno che ce lo possa interpretare".
Allora Giuseppe disse loro:
"Non è forse a Dio che appartengono
le interpretazioni dei sogni?
Raccontatemi i vostri sogni,
vi prego"
(Genesi 40:8)

Allora il capo cocchiere raccontò il suo
sogno a Giuseppe e gli disse:
"Nel mio sogno, stavo davanti una vite
(Genesi 40:9)

e in quella vite vi erano tre tralci;
appena ebbe messo i germogli,
fiorì e produsse
dei grappoli d'uva matura.
(Genesi 40:10)

Ora io avevo in mano la coppa di Faraone;
presi dunque l'uva,
la spremetti nella coppa
di Faraone e misi la coppa in mano a Faraone".
(Genesi 40:11)

Giuseppe allora gli disse:
"Questa è

l'interpretazione del sogno:
i tre tralci sono tre giorni;
(Genesi 40:12)

fra tre giorni Faraone
ti farà rialzare il capo,
ti ristabilirà nel tuo ufficio e tu darai
in mano a Faraone la sua coppa,
come facevi prima,
quando eri il suo coppiere."
(Genesi 40:13)

Il capo panettiere,
vedendo che il significato del sogno
era positivo,
disse a Giuseppe:
"Ecco,
io avevo tre canestri di pane bianco sul capo,
(Genesi 40:16)

e nel canestro più alto vi erano
ogni sorta di vivande cotte
al forno per Faraone;
e gli uccelli le mangiavano
dal canestro che avevo sul capo".
(Genesi 40:17)

Allora Giuseppe rispose e disse:
"Questa è l'interpretazione del tuo sogno:
i tre canestri rappresentano tre giorni;
(Genesi 40:18)

fra tre giorni Faraone…

**(ritenendo il contenuto di questo versetto personalmente un po'
brutale, per evitare di urtare la sensibilità con dettagli non
necessari al nostro scopo lo riassumerò in)**
...ti condannerà a morte".
(Genesi 40:19)

Così avvenne che Faraone ristabilì il capo
coppiere nel suo ufficio di coppiere,
perché mettesse la coppa in mano a Faraone,
(Genesi 40:21)

ma (Faraone) fece... (condannare)...
il capo panettiere secondo l'interpretazione
che Giuseppe aveva dato loro.
(Genesi 40:22)

Al mattino il suo umore era turbato,
e così mandò a chiamare tutti i maghi e
tutti i sapienti d'Egitto;
quindi Faraone gli raccontò loro i suoi sogni,
ma non vi fu alcuno che
li riuscisse ad interpretare a Faraone,
(Genesi 41:8)

Faraone disse a Giuseppe:

"Ho fatto un sogno e non vi è nessuno che
lo possa interpretare.
Ho sentito dire sul tuo conto che
tu puoi comprendere un sogno per interpretarlo"
(Genesi 41:15)

Giuseppe rispose a Faraone,
dicendo:
"Non sono io;
ma sarà Dio a dare
una risposta per il bene di Faraone."
(Genesi 41:16)

Allora Faraone disse
a Giuseppe:
"Dunque...
nel mio sogno io
stavo
sulla riva del Nilo,
(Genesi 41:17)

quando ecco salire
dal fiume sette
vacche grasse e
di bell'aspetto e le
vidi
mettersi a pascolare
tra i giunchi.
(Genesi 41:18)

Ed ecco che dopo di loro,
salirono altre sette vacche,
magre,
deboli e dall'aspetto così orrendo
che mai ne vidi di così brutte
in tutto il paese d'Egitto.
(Genesi 41:19)

E le vacche magre e brutte si
sbranarono le altre sette vacche,
quelle grasse
(Genesi 41:20)

ma anche dopo che
le ebbero sbranate,

non sembrò affatto che
la cosa fosse avvenuta,
poiché erano ancora
orrende e di aspetto
scheletrico come lo erano all'inizio.
(Genesi 41:21)

Poi vidi nel mio sogno sette spighe
spuntare su da un unico telo,
piene e belle;
(Genesi 41:22)

ma ecco germogliar altre sette spighe secche,
vuote e bruciate dal vento orientale.
(Genesi 41:23)

Quindi le sette spighe sottili
inghiottirono le sette spighe belle.
Io tutto questo l'ho raccontato ai maghi,
ma non vi è stato nessuno in grado
di darmene una spiegazione."
(Genesi 41:24)

Allora Giuseppe disse a Faraone:
"I sogni di Faraone hanno in realtà lo stesso significato.
Il solo vero Dio ha mostrato a Faraone
cosa intende fare.
(Genesi 41:25)

Le sette vacche belle sono sette anni,
e le sette spighe belle sono sette anni;
è uno stesso sogno.
(Genesi 41:26)

Anche le sette vacche
magre e brutte,
che salivano dopo di quelle,
sono sette anni;
come pure le sette spighe
vuote e
bruciate dal vento orientale
sono sette anni di carestia."
(Genesi 41:27)

Questo è ciò che ho detto a Faraone:
"Dio ha mostrato a Faraone
quello che sta per fare.
(Genesi 41:28)

Questo significa che stanno
per venire sette anni di
grande abbondanza
in tutto il paese d'Egitto;
(Genesi 41:29)

ma dopo questi verranno
sette anni
di carestia e
tutta quell'abbondanza
sarà dimenticata
nel paese d'Egitto;
e la carestia consumerà il paese.
(Genesi 41:30)

Il fatto poi che il sogno

sia stato dato a Faraone
per due volte vuol dire che
la cosa è stata stabilita
da Dio,
e Dio
la farà accadere presto."
(Genesi 41:32)

COMMENTO

Il sonno di Faraone (non sappiamo precisamente quale faraone fosse) era tormentato da sogni che nessuno riusciva ad interpretare.

Il capo coppiere ricordandosi dell'interrogazione avvenuta durante la prigionia comunicò a Faraone la presenza di un valido indovino nella prigione.

Giuseppe venne poi chiamato ad interpretare i sogni di Faraone.

È interessante notare il dettaglio presente al versetto 8 quando afferma che per l'interpretazione dei sogni **Faraone convocò i maghi**.

Tale versetto evidenzia dunque la presenza all'epoca di maghi che praticavano quest'arte (per altro a corte del re d'Egitto), a testimonianza dunque di quanto questa pratica fosse diffusa ma soprattutto di quanto importante fosse per quei popoli e quelle culture comprendere il significato dei sogni.

Rimanendo in tema, vediamo come oltre a "Giuseppe il Re dei sogni" nella Tanakh siano trascritte anche altre situazioni che presentano l'oniromanzia, indicando ancora una volta quanto questa pratica fosse diffusa nel mondo antico, di conseguenza, sembra logico pensare che fosse considerata una pratica estremamente valida ma soprattutto estremamente efficace non solo per gli Egizi ma per quasi tutti i popoli antichi.

Dunque, in funzione di questo, vi riporto altri passi inerenti questo intrigante tema:

Se dovesse sorgere
in mezzo a te un profeta o
un sognatore che
fa predizioni per mezzo
dei sogni e che ti proponga
un segno o un prodigio,
(Deuteronomio 13:1)

e il segno o il prodigio di cui
ti ha parlato si avveri
realmente e ti dica:
"Seguiamo altri dei che tu
non hai mai conosciuto
e adoriamoli",
(Deuteronomio 13:2)

tu non dovrai dare
ascolto alle parole di
quel profeta o di quel sognatore,
perché YaHWeH,
il tuo Dio,
ti mette alla prova per sapere
se ami YaHWeH,
il tuo Dio
con tutto il tuo cuore e
con tutta la tua anima.
(Deuteronomio 13:3)

Ma quel profeta o quel sognatore
dovrà essere messo a morte,
poiché ti ha istigato in modo
da farti allontanare
da YaHWeH,
il tuo Dio,
che ti ha fatto uscire
dal paese d'Egitto e
ci ha redenti
dalla casa di schiavitù,
per trascinarti fuori
dalla via
nella quale YaHWeH,
il tuo Dio,
ti ha ordinato di camminare.
In questo modo eliminerai
il male in mezzo a te.
(Deuteronomio 13:5)

COMMENTO

In questi versi della Bibbia vediamo come in quel particolare contesto religioso gli uomini si focalizzassero non solo sulla veridicità dei sogni premonitori ma anche sulla loro origine e in questo caso sul loro fine, soffermandosi sull'effetto che avrebbero potuto avere sul popolo e sull'uso che se ne sarebbe fatto, andando in questo caso addirittura a inibire il valore del sogno stesso.

Un sogno premonitore anche se veritiero perde di valore se porta ad allontanarsi da Dio, e colui che lo condivide con gli altri facendoli allontanare da quel percorso di vita rischia di essere punito con la morte, nonostante la sua colpa sia stata semplicemente dire la verità (in questa chiave di lettura anche la verità può essere malvagia), la quale in questo caso sarebbe meglio reprimere, così come anche il sogno stesso che andrebbe represso e mai rivelato ad altri al fine di non incorrere nel reato e subire così la pena capitale.
Questi passi biblici sono interessanti non solo per il loro contenuto ma anche per la loro collocazione.
Il libro di Deuteronomio infatti appartiene al genere legislativo, la Legge che Dio ha dato a Israele.
Ciò significa che l'interpretazione dei sogni aveva un ruolo ed un potere così importante da essere addirittura temuta, controllata ed in maniera implicita addirittura repressa dalla legge stessa.
I sogni erano considerati abbastanza pericolosi e influenti da essere in grado in alcuni casi di destabilizzare lo stato e la comunità.

Quando Gedeone arrivò,
vide che c'era un uomo che
raccontava un sogno
al suo compagno
e diceva:
"Io ho fatto questo sogno:
mi sembrava di
aver visto un pane
d'orzo rotolare
nell'accampamento
di Madian,
giungere alla tenda e

colpirla,
così da farla cadere,
rovesciandola e facendola crollare.”
(Giudici 7:13)

Così il suo compagno
gli rispose:
“Tutto ciò non può essere
altro che la spada di Gedeone,
figlio di Ioash,
uomo d'Israele.
Dio ha messo
nelle sue mani Madian e
tutto il loro accampamento”
(Giudici 7:14)

COMMENTO

Gedeone, vissuto probabilmente tra il 1300 ed il 1050 avanti Cristo (io personalmente ipotizzo che il periodo storico di riferimento sia intorno al 1200 a.C. ma, in ogni caso devo assolutamente evidenziare che il contesto temporale che funge da ambientazione storica nel libro dei giudici è molto vago, di conseguenza è assolutamente impossibile per noi stabilire delle date precise degli eventi o dei personaggi storici presenti nel libro) fu uno dei più grandi giudici della storia biblica, mise insieme un esercito di 32.000 uomini con il quale affrontare gli invasori madianiti, amalekiti oltre a “tutti i figli d'oriente” al fine di liberare le terre d'Israele dalla loro minaccia.

A Gabaon, YaHWeH apparve in sogno di notte a Salomone. Dio gli disse: "Chiedi pure ciò che vuoi che io ti dia." **(1 Libro dei Re 3:5)**

"Concedi dunque al tuo servitore
un cuore intelligente,
così che sappia giudicare
il tuo popolo e sappia anche distinguere
il bene dal male.
Chi infatti potrebbe amministrare
la giustizia per questo tuo popolo
così numeroso?"
(1 Libro dei Re 3:9)

A YaHWeH piacque la richiesta
che Salomone gli fece.
(1 Libro dei Re 3:10)

Dio allora gli disse:
"Poiché hai richiesto ciò e
non hai chiesto per te
né una vita duratura,
né ricchezze,
né la morte dei tuoi nemici,
ma hai chiesto intelligenza
per capire come trattare i giudizi con giustizia,
(1 Libro dei Re 3:11)

allora,
faro come mi hai chiesto:
ti darò un cuore che sia saggio e intelligente,
cosi ché non ci sia nessuno come te,
come non c'è stato nessuno come te.
(1 Libro dei Re 3:12)

Ti darò pure ciò che non mi hai chiesto:
ricchezze e gloria,
cosi che fra i re non vi sarà nessuno come te,
per tutti i giorni della tua vita."
(1 Libro dei Re 3:13)

Salomone allora si svegliò,
ed ecco era stato un sogno.
(1 Libro dei Re 3:15)

COMMENTO

Salomone figlio di Davide, terzo re della dinastia di Israele secondo la cronologia biblica, regnò su Israele tra il 1050 ed il 950 avanti Cristo. Secondo le scritture ebraiche fu l'uomo più saggio mai esistito nonché l'uomo più ricco del suo tempo.

Queste sue qualità erano dovute al fatto che dedicò parte della sua vita allo sviluppo di una solida politica estera, allo sviluppo del commercio marittimo in collaborazione con la flotta navale di Hiram e ad un costante studio personale, sostenuto da meditazione, ricerca, informazione e un implacabile desiderio di conoscenza.

Secondo le scritture però, al di là dell'analisi storica, la fonte originaria della sua sapienza fu la benedizione che Dio gli concesse durante il sogno appena citato.

In questo caso però vediamo che non vi è un esempio classico di oniromanzia da parte di un indovino o di un altro interprete, ma è interessante notare come secondo il testo quel sogno avesse un origine divina (a testimonianza ulteriore della percezione sovrannaturale che gli antichi avevano del sogno o almeno di alcuni di essi), essendo dunque una rivelazione superiore che la divinità aveva scelto di manifestare per mezzo di sogni.

Altra riflessione interessante riguarda il fatto che gran parte degli eventi importanti della vita di Salomone dipesero da quel sogno (anche solo come fonte motivante per la propria vita), il quale stravolse la usa vita (in bene) evidenziando dunque come per gli antichi anche un solo sogno poteva stravolgere completamente il corso della propria esistenza.

Ho sentito i profeti
che profetizzano
falsità

41

nel mio nome dire:
"Ho avuto un sogno!"
(Geremia 23:25)

Il profeta che
ha un sogno racconti
il suo sogno,
ma colui che ha
la mia parola
la riferisca fedelmente.
Cos'hanno in comune
la paglia e il grano?
(Geremia 23:28)

"Ed ecco",
dichiara YaHWeH.
"Io sono contro tutti coloro che
profetizzano sogni falsi
e li raccontano per far sviare
il mio popolo
con le loro menzogne e
con il loro vanto,
poiché io
non li ho mandati
né ho dato loro alcun comando!
Perciò non saranno
di alcun bene
per questo popolo",
dice YaHWeH.
(Geremia 23:32)

COMMENTO

Geremia fu un profeta d'Israele vissuto intorno al 650 avanti Cristo.

Da come lo espone il libro che prende il suo nome dedicò la sua vita alla diffusione di un messaggio di denuncia contro la corruzione morale e spirituale di quel tempo, invitando il popolo a rigettare sogni e visioni dei "falsi profeti" (contenuto dei versetti citati) e ad applicare su se stessi una riforma morale al fine di ritornare ad una forma pura di adorazione verso il dio di Israele.

In questi passi scritturali notiamo un dettaglio molto interessante: il dio di Geremia afferma la presenza nel territorio di falsi profeti che predicano sogni falsi, ovvero che non vengono da lui ma bensì da fonti ostili, inventate o non definite.

Questo significa che nella percezione del mondo antico non tutti i sogni venivano considerati veritieri e autoritari, e non tutti venivano da un essere superiore o benigno, indicando una sorta di selezione onirica (divisione in sogni divini, aventi origine da dei o spiriti, sogni misterici, che non sono chiari nell'origine e nel messaggio e sogni naturali, che vengono dunque da noi stessi).

Il re disse a Daniele,
che si chiamava Baltassar:
"Sei davvero in grado
di farmi conoscere
il sogno che ho fatto e
la sua interpretazione?"
(Daniele 2:26)

Daniele rispose al re dicendo:
"La spiegazione del sogno
che il re ha richiesto
non può essere fatta al re
né da saggi,

né da astrologi,
né da maghi e
né da indovini.
(Daniele 2:27)

Ma esiste un Dio nei cieli
che rivela i segreti,
ed egli ha fatto conoscere
al re Nabucodonosor
ciò che avverrà verso
la fine dei giorni.
Questo è stato il tuo sogno e
la visione che hai avuto nel tuo letto.
(Daniele 2:28)

O re,
i pensieri che hai avuto
nel letto riguardano ciò
che avverrà da ora in poi;
e colui che svela i segreti
ti ha fatto conoscere
ciò che avverrà.
(Daniele 2:29)

Ma in quanto a me,
questo segreto mi è stato svelato
non perché io abbia maggiore
sapienza di ogni altro vivente,
ma così che l'interpretazione
sia resa nota al re,
e tu possa conoscere
i pensieri del tuo cuore.
(Daniele 2:30)

(da qui in poi fino al versetto 35 Daniele racconta il sogno del re babilonese Nabucodonosor)

Stavi osservando,
o re,
ed ecco che vi era
una statua immensa;
questa gigantesca
statua,
di immenso splendore,
si ergeva davanti a te,
e il suo aspetto era
terrificante.
(Daniele 2:31)

La testa di questa
statua era d'oro fino,
il suo petto e le sue
braccia erano d'argento,
mentre il suo ventre e
le sue cosce erano di bronzo
(o forse di rame).
(Daniele 2:32)

Le sue gambe erano di ferro,

e i suoi piedi erano
in parte di ferro ed
in parte d'argilla.
(Daniele 2:33)

Mentre stavi guardando,
una pietra venne tagliata,
ma non per mano di uomini,
e colpì la statua sui suoi piedi
di ferro e d'argilla e li frantumò.
(Daniele 2:34)

Allora il ferro,
l'argilla,
il bronzo (o rame),
l'argento e l'oro
furono frantumati tutti insieme e
diventarono come
la pula (o lo scarto dei campi)
sulle aie d'estate;
il vento li porto via e
di essi non vi fu più alcuna traccia.
Ma in quanto alla pietra
che aveva colpito l'immagine,
essa divenne un grande monte,
che riempì tutta la terra.
(Daniele 2:35)

(da qui in poi Daniele prosegue con l'interpretazione del sogno)

Questo è il sogno;
ora ne daremo l'interpretazione dinanzi al re.
(Daniele 2:36)

Tu, o re,
sei il re dei re,
perché l'Iddio del cielo ti ha dato il regno,
la potenza,
la forza e la gloria.
(Daniele 2:37)

Dovunque vivano gli uomini,
le bestie dei campi e
gli uccelli del cielo,
egli li ha dati tutti nelle tue mani e
ti ha dato il dominio su di loro.
Sei tu quella testa d'oro.
(Daniele 2:38)

Dopo di te sorgerà un altro regno,
inferiore al tuo,
e poi un terzo regno di bronzo (o rame) che
dominerà su tutta la terra.
(Daniele 2:39)

Il quarto regno sarà forte come il ferro,
perché il ferro distrugge e stritola ogni cosa;
come il ferro che frantuma,
quel regno farà a pezzi e
distruggerà tutti questi regni.
(Daniele 2:40)

Come hai visto che i piedi e
le dita erano in parte
d'argilla di vasaio e
in parte di ferro,
così quel regno

sarà diviso;
tuttavia in esso ci sarà
la durezza del ferro,
perché tu hai visto
il ferro mescolato
con argilla morbida.
(Daniele 2:41)

E come le dita dei piedi erano
in parte di ferro e in parte d'argilla,
così quel regno sarà in parte forte e
in parte debole.
(Daniele 2:42)

Come hai visto
il ferro mescolato
con la morbida argilla,
essi si mescoleranno
per il genere umano,
ma non si uniranno tra loro,
esattamente come il ferro
non si mescola con l'argilla.
(Daniele 2:43)

Al tempo di quei re il Dio del cielo
farà sorgere un regno,
che non verrà mai distrutto.
Questo regno non sarà
lasciato ad un altro popolo,
esso annienterà tutti quei regni,
e durerà per sempre
(letteralmente "a tempo indefinito"),
(Daniele 2:44)

Proprio come hai visto la pietra staccata dal monte,
non per mani umane,
e frantumare
il ferro,
il bronzo (o rame),
l'argilla,
l'argento e l'oro.
Il grande Dio
ti ha fatto conoscere
ciò che avverrà da ora in poi.
Il sogno è veritiero e
la sua interpretazione è certa".
(Daniele 2:45)

COMMENTO

Daniele fu un profeta israelita vissuto al tempo dell'esilio degli ebrei a Babilonia, indicativamente tra il 610 ed il 530 avanti Cristo (sulle date precise non vi è accordo).

In questi versi si noti come anche a Babilonia questa pratica fosse largamente diffusa e fosse praticata da più figure specializzate (saggi, astrologi, maghi e indovini) a testimonianza della sua diffusione.

Altro dettaglio interessante è la natura di quel sogno, che non riguardava solo il re babilonese ma era addirittura una rivelazione della storia umana universale (partendo da Babilonia il sogno espone profeticamente le grandi potenze che si susseguiranno fino all'affermazione del regno di Dio con la conseguente distruzione di tutti questi regni e la fine del mondo) a dimostrazione della lungimiranza che i sogni possono avere.

"Dopo questo avverrà che
verserò il mio
spirito sopra
ogni persona;
i vostri figli
e le vostre
figlie profetizzeranno,
i vostri vecchi
avranno sogni,
i vostri giovani
avranno visioni."
(Gioele 2:28)

Ma Pietro si alzò in piedi
con gli undici e ad alta voce parlò loro:
"Uomini giudei e voi tutti
che risiedete in Gerusalemme,
vi sia noto questo e prestate
attenzione alle mie parole.
(Atti degli Apostoli 2:14)

Costoro non sono ubriachi,
come voi credete,
poiché è solo la terza ora del giorno.
(Atti degli Apostoli 2:15,)

Bensì questo è ciò che
fu detto dal profeta Gioele:
(Atti degli Apostoli 2:16)

"E avverrà
negli ultimi giorni,

dice Dio,
che verserò il mio spirito
sopra ogni persona;
e i vostri figli
e le vostre figlie
profetizzeranno,
i vostri giovani
avranno visioni e
i vostri vecchi
faranno dei sogni".
(Atti degli Apostoli 2:17)

COMMENTO

Ho deciso di citare insieme il libro del profeta minore Gioele (profeta vissuto tra l'800 ed il 400 avanti Cristo) e gli "Atti degli apostoli" (scritto intorno all'80 dopo Cristo) a motivo del chiaro e diretto collegamento che vi è tra di loro.

Qui Pietro (apostolo di Cristo) nel discorso che fece alla Pentecoste (o "festa della mietitura") del 33 dopo Cristo, afferma che quanto stava accadendo era l'adempimento della profezia di Gioele (pronunciata almeno 500 anni prima), garantendo quindi che anche il cristianesimo diede importanza all'interpretazione oniromantica dei sogni.

Oltre a quelli già citati esistono anche altri esempi di oniromanzia nelle Sacre scritture greche cristiane (come nel caso della natalità di Gesù o del ministero di Paolo di Tarso, apostolo delle nazioni) e nella "Tanakh" (ad esempio il sogno dell'albero che fece sempre il re babilonese Nabucodonosor) che però ho scelto di non citare per non espandere troppo questo argomento, evitando così di centralizzare la visione oniromantica su di un unico testo antico.

IL CORANO

Anche nel Corano, il testo sacro secondo l'islam, è presente la pratica dell'oniromanzia. Nonostante questo tema solitamente non venga trattato all'interno dell'islam, in realtà, per i musulmani l'interpretazione dei sogni rimane comunque un tema molto importante. Non dimentichiamo infatti che secondo le credenze del mondo arabo i sogni erano uno strumento che permetteva all'uomo di connettersi con la realtà spirituale, di conseguenza nel caso dell'islam, vediamo che i sogni assumono un ruolo profetico, essendo dunque messaggi da parte del loro dio "Allah" (nell'islam Dio viene chiamato Allah, egli però corrisponde allo stesso dio dell'ebraismo e del cristianesimo, Ela dall'ebrico "El", ovvero Dio), dunque il dio del Corano è lo stesso dio della Bibbia e dunque anche dei versetti citati prima, solo che interpretati in una chiave di lettura diversa ma nonostante ciò, valutati come assolutamente veraci e indiscutibili.

Vediamo ora alcuni interessanti passi del Corano che trattano l'oniromanzia:

"Figlio mio!
Feci un sogno:
nella mia visione ti
sacrificavo a Dio.
Cosa ne pensa il tuo
cuore?"
Isacco gli rispose:
"Fai tutto ciò che
Allah ti ha comandato
di fare,
sii sottomesso a ciò
che ha stabilito, io
sopporterò la
sofferenza".
Stavano per compiere
l'ordine del cielo;
Isacco era già

sdraiato a terra in posizione supina.
Ma una voce dal cielo gridò:
"Abramo hai avverato il tuo sogno!
Cosi noi ricompensiamo coloro che fanno il bene.
Dio ti stava mettendo alla prova."
(Gli Ordini, capitolo 37)

COMMENTO

Abramo, discendente di Eber, fu uno dei più importanti antenati degli ebrei.
Fu inoltre uno dei più importanti patriarchi del mondo antico ed ebbe un ruolo
fondamentale nella nascita e nella successiva diffusione del monoteismo,
infatti le tre fedi monoteiste più diffuse (ebraismo, cristianesimo e islam) sono
dette anche "religioni abramitiche".

Nacque e visse buona parte della sua vita nella città di Ur
(all'interno del territorio sumero) tra il 2020 e il 1970 avanti Cristo, ovvero
approssimativamente durante il periodo di governo di Ibbi-Sin, ultimo re della
terza dinastia di Ur, dunque durante le prime immigrazioni nel territorio da
parte dei caldei che stanziavano nelle zone periferiche, l'assalto ed il
saccheggio da parte degli eserciti elamiti ai danni della città e la caduta del
potere sumero e della stessa città di Ur.
Questa travagliata sequenza di eventi portò Abramo così come anche gli altri
semiti che risiedevano nella città ad abbandonarla, nel caso di Abramo
trasferendosi con la sua famiglia nelle terre di Canaan.
Ebbe un figlio di nome Ismaele ed un figlio secondogenito di nome Isacco.
Secondo il racconto antico, quando Isacco aveva 25 anni, Dio (in questo
caso Allah) mandò un sogno ad Abramo dove gli comandò di mettere a morte
suo figlio Isacco come sacrificio umano (tale racconto è presente anche nella
Bibbia al capitolo 22 di Genesi).
In questo passo del Corano viene descritto proprio il dialogo tra Abramo e
suo figlio Isacco in merito al sogno di Abramo.
Possiamo notare come anche in questo caso il sogno viene considerato di
origine divina, ma in particolare notiamo come venga spiegato che quella
rivelazione non andava intesa solo come una semplice rivelazione di
conoscenza ma bensì come un vero e proprio comando dal cielo.
Il sogno diventa dunque uno strumento da parte degli esseri superiori per
impartire ordini.

I sogni assumono quindi una valenza autoritaria nella vita dell'uomo e non
adempierli potrebbe causare l'ira di coloro che li hanno mandati.
Viceversa, rileggendo l'ultima parte della citazione, vediamo come l'ordine
imposto dal dio diventa per l'uomo che lo riceve una vera e propria missione che,
una volta portata a termine, garantirà al soggetto una ricompensa per aver fatto il
bene (ovviamente per bene si intende l'aver seguito fedelmente gli ordini della
divinità).
Dunque, in questa chiave di lettura, seguire o meno i propri sogni potrebbe fare la
differenza tra il bene e il male, giusto o sbagliato o addirittura la vita e la morte.

Allah mostrerà la verità eterna compiuta del sogno che ebbe il profeta quando si espresse in questi accenti:
"Entrerete nel tempio della Mecca, sani e salvi, con il capo raso e senza timore.
Dio sa ciò che ignorate e vi sta preparando una vicina vittoria".
(I Combattimenti, capitolo 47)

COMMENTO

In questo passo viene citato il "profeta" (il quale possiede nel corano un importanza fondamentale essendo un tramite della rivelazione divina) indicando come il dio usi i sogni per rivelare ciò che avverrà, nonché quale sia il suo piano o il suo proposito.

Questo evidenzia ancor di più il forte legame che unisce la natura veggente all'interpretazione oniromantica dei sogni

Per quanto anche nell'islam esista una sorta di selezione dei sogni (dove i sogni "non ben definiti" hanno un valore discutibile o relativo ed altri anche se nitidi sono da considerarsi "false visioni"), generalmente vengono considerati uno strumento estremamente affidabile al fine di comprendere la verità che ci circonda, in particolare, comprendere quegli aspetti sovrannaturali dell'esistenza (il mondo dell'occulto, gli spiriti e soprattutto le verità di Dio) che senza i sogni sarebbero per noi incomprensibili.

IL PASTORE DI ERMA

Il pastore di Erma è un'opera appartenente alla letteratura cristiana sub-apostolica (considerata nel suo periodo un vero e proprio testo sacro al pari delle Sacre scritture), composto nella prima metà del secondo secolo dopo Cristo (contestualizziamolo dunque nel periodo paleocristiano o cristianesimo primitivo).

In funzione del nostro viaggio quest'opera trova valore nelle sue pagine iniziali.

L'opera infatti contiene ben cinque visioni di origine divina ottenute in sogno, grazie al volere dello Spirito Santo.

La narrazione e la conseguente analisi di questi sogni costituiscono circa un quinto di tutta l'opera teologica in se, mostrando quindi l'importanza che i sogni hanno continuato ad avere anche dopo l'affermazione e la diffusione del cristianesimo sul territorio e sulla cultura romana.

Qui di seguito cito alcuni passi della suddetta opera:

Successivamente, mentre andavo verso Cuma, contemplando le opere di Dio poiché immense, meravigliose e potenti, mi addormentai lungo la strada.
Uno spirito mi afferrò e mi portò in una parte impossibile da percorrere all'uomo.
Era un luogo scosceso e rovinato dalle acque.
Attraverso il fiume, giunsi

nella pianura ed inginocchiandomi cominciai a pregare il Signore e a rimettere i miei peccati
(L'uomo giusto desidera le cose giuste, Prima visione, 1:3)

Non è per questo che Dio è adirato contro di te, ma affinché tu faccia ravvedere la tua famiglia, che ha oltraggiato il Signore e voi genitori.
Tu sei amorevole verso i tuoi figli e non hai rimproverato la famiglia, che invece hai abbandonato ad una corruzione vergognosa.
Per questo il Signore è adirato contro di te.
Ma egli guarirà tutti i mali avvenuti in precedenza nella tua famiglia.
A motivo dei loro peccati e dei i loro errori, ti sei rovinato con i guadagni terreni.
(La Chiesa eterna, Prima visione, 3:1)

La misericordia del Signore però, avendo pietà di te e della tua casa, ti darà la forza per costruirti bene nella sua gloria.

Basta che tu non ti trascuri,
invece rianima e conforta la tua casa.
Come il fabbro che ottiene la forma che vuole a colpi di martello,
così la giusta parola quotidiana risolve la cattiveria.
Non trascurare di disciplinare i tuoi figli.
So che se si pentiranno con cuore sincero (i loro nomi) saranno
scritti nei libri della vita con i santi
(La Chiesa eterna, Prima visione, 3:2)

COMMENTO

Senza il bisogno di entrare dettagliatamente nei concetti teologici di
Erma (poiché non direttamente collegati al tema del nostro viaggio)
è interessante notare come in questi versi il tema centrale del sogno
sia la redenzione dai peccati in funzione della salvezza del Signore,
che egli benevolmente concede a tutti coloro che si pentono con
tutta la sincerità nel loro cuore.

Non dobbiamo mai dimenticare infatti il contesto storico-culturale
dove è stata composta quest'opera, ricordiamo infatti che già dalla
seconda metà del primo secolo il cristianesimo subiva un'intensa
repressione a motivo della sua incompatibilità con la legge romana
(in particolare ci riferiamo alla violazione di un valore fondamentale

del diritto penale romano detto "Pax deorum") che nella loro
comunità paleocristiana condusse molti fedeli a rinunciare alla loro
nuova fede causando così un enorme numero di scomuniche e
abbandoni.

All'interno di questo contesto Il Pastore di Erma si propone di
raccogliere i vecchi fedeli scomunicati nella comunità cristiana
tramite un percorso di redenzione.

Vediamo allora come questo percorso venga rivelato ad Erma
proprio tramite un sogno divino che informa sulla condizione
spirituale sua e della sua famiglia ma che rivela cosa è necessario
fare per risolvere i propri problemi terreni ma soprattutto per
ottenere la salvezza della propria anima.

Ciò a testimonianza dell'immensa importanza che avevano i sogni, i
quali anche in questo contesto si affermano come la sovrannaturale
rivelazione di un misterico mondo spirituale che garantisce non solo
una guida ma anche una soluzione razionale e concreta a tutti i
problemi della nostra vita nel mondo terreno ed in seguito (secondo
la logica dell'autore di questo testo antico) anche in quello
ultraterreno.

I LIBRI DI ENOCH

I Libri di Enoch sono una raccolta di 3 libri (che in realtà
costituiscono a loro volta una raccolta di più scritti non direttamente
collegati tra di loro), "Il libro Etiope" o "Pentateuco di Enoch", "Il
libro Slavo" detto anche "Apocalisse di Enoch" o "Segreti di
Enoch" e "L'Apocalisse ebraica di Enoch" chiamato anche
"La Rivelazione del Metatron" o "Libro dei Palazzi".

Questi antichi scritti sono stati composti probabilmente tra il terzo ed il primo secolo avanti Cristo e sono considerati tra i più interessanti e assolutamente suggestivi scritti apocrifi ancora a nostra disposizione.

Come si comprende dai titoli di queste opere il tema principale è proprio la figura di Enoch.

Secondo la cultura ebraica Enoch figlio di Iared, settimo discendente della stirpe di Adamo fu un profeta antidiluviano vissuto approssimativamente tra il 3.400 ed il 3.100 avanti Cristo oppure tra il 9.000 ed il 10.000 avanti Cristo (a seconda che si consideri la cronologia biblica e la rispettiva tradizione orale antecedente completa o incompleta), dunque (escludendo l'interpretazione della chiesa etiope) vediamo che in generale non è considerato l'autore dei libri a lui dedicati, i quali però si sforzano di raccontare gli elementi fondamentali di quello che fu il suo ministero.

Tornando al tema dell'oniromanzia vediamo come in questa raccolta (più precisamente nel Pentateuco di Enoch) sia presente proprio un intero libro dei sogni (capitoli da 83 a 88) ed un altro libro al nostro tema connesso, chiamato "L'Apocalisse degli Animali" (composto dai capitoli 89 e 90), e scritti si pensa nel secondo secolo avanti Cristo.

Vediamo insieme come anche in questo racconto (si tratta di due scritti separati ma che in realtà continuano ed ampliano uno la narrazione l'uno dell'altro) l'interpretazione dei sogni ha un ruolo fondamentale:

Ed ora figlio mio Matusalemme,
io ti mostrerò tutti
i sogni che ho fatto,
e te li racconterò.

(Pentateuco di Enoch, Il Libro dei Sogni Premonitori, 83:1)

Prima di sposarmi feci due sogni,
ed ognuno era molto
diverso dall'altro;
il primo lo feci nel periodo
in cui stavo imparando a scrivere;
il secondo invece
lo feci prima di sposare tua madre,
quando ebbi
una terribile visione.
(Pentateuco di Enoch, Il Libro dei Sogni Premonitori, 83:2)

E tenendo conto di loro che prego il Signore.
Mi ero sdraiato per riposare
in casa di mio nonno Mahalalele,
quando ebbi una visione
in cui il cielo crollava,
perdeva il suo punto di appoggio,
e si schiantava sulla terra.
(Pentateuco di Enoch, Il Libro dei Sogni Premonitori, 83:3)

E quando si schiantò sulla terra,
vidi come la terra venne
inghiottita da un enorme abisso,
e le montagne vennero innalzate
sulle montagne, e le colline
scesero sulle colline,
e immensi alberi furono
sradicati,
vennero abbattuti e
sprofondarono nell'abisso.
**(Pentateuco di Enoch, Il Libro
dei Sogni Premonitori, 83:4)**

E immediatamente dopo una parola mi salì alle labbra,
ed io aprii bocca per gridare
forte,
e dissi:
"La terra è distrutta!!!"
(Pentateuco di Enoch, Il Libro dei Sogni Premonitori, 83:5)

E mio nonno Mahalalele mi svegliò,
poiché mi trovavo sdraiato accanto a lui,
e mi parlò dicendo:
"Perché piangi in questo modo,
figlio mio,
e perché ti lamenti così?"
(Pentateuco di Enoch, Il Libro dei Sogni Premonitori, 83:6)

Gli raccontai tutto il sogno che avevo fatto,
ed egli mi disse:
"Quello che hai visto è terribile,
figlio mio,
in un grave momento il tuo sogno
premonitore ti ha rivelato
riguardo i segreti di tutti
i peccati del mondo:
esso deve sprofondare
nell'abisso ed essere distrutto
con estrema rovina",
(Pentateuco di Enoch, Il Libro dei Sogni Premonitori, 83:7)

"Nipote mio,
dal cielo notturno tutto questo verrà sulla terra,
e sulla terra vi sarà
grande tribolazione"
(Pentateuco di Enoch, Il Libro dei Sogni Premonitori, 83:9)

Dal capitolo 85 in poi spiega in maniera lunga ed estremamente dettagliata il secondo sogno premonitore, il quale, usando un linguaggio metaforico, rivelerà l'avvento di un qualcosa di catastrofico (già citato nella prima visione) che metterà fine al mondo come era allora conosciuto e che prenderà in seguito il nome di Diluvio universale, elemento fondamentale del ministero enochiano, ed in particolare si focalizza poi su alcune vicende inerenti coloro che a esso sopravvivranno e che costituiranno la nuova discendenza del mondo.

Questa è la visione che ebbi durante il sonno,
e mi svegliai e benedissi il Signore

della virtù e gli resi onore.
(Pentateuco di Enoch, L'Apocalisse degli Animali, 90:40)

Allora piansi con grande forza,
e le mie lacrime continuarono fino a quando non ressi più:
quando osservai,
esse erano sopraggiunte a motivo di quello che avevo visto;
poiché tutto sarebbe davvero successo e si sarebbe avverato,
e tutte le azioni degli uomini secondo il loro ordine mi furono
mostrate.
(Pentateuco di Enoch, L'Apocalisse degli Animali, 90:41)

COMMENTO

Ho voluto citare questo passaggio in quanto lo stesso Enoch
nei versi qui riportati conferma l'analisi sopra esposta,
sostenendo la natura premonitrice dei suoi sogni che, come
lui stesso ci precisa, si sarebbero immancabilmente
realizzati.

Oltre a questi interessanti versi sono stati ritrovati degli altri passi
dei libri di Enoch tra i Rotoli del Mar Morto.
Per quanto questi frammenti siano estremamente deteriorati e
incompleti nel tempo è stato comunque fatto il tentativo di
ricostruirli con degli esiti interessanti.
Qui di seguito provo a ricostruire qualche frammento che è stato
ricondotto al libro enochiano dei Giganti detti anche i Violenti
(ricostruito con la sua rispettiva spiegazione) che potremmo trovare
interessante per il nostro viaggio.
La vicenda narrata avviene parallelamente al capitolo 6 del libro
biblico di Genesi che racconta di come "I Figli del Vero Dio"

(creature spirituali dette anche "dei minori", "Osservatori", "angeli", e secondo un'interpretazione da parte di alcuni movimenti cristiani, "demoni", dunque angeli ribelli seguaci del Diavolo) siano scesi sulla terra imponendosi sugli uomini, prendendone le donne e creando con la loro unione dei figli ibridi chiamati "Nefilim", "Giganti" o "Titani", dalle dimensioni fisiche superiori a quelle umane (parliamo approssimativamente tra i 2,5 ed i quasi 3 metri), i quali, grazie alla loro imponenza ed al loro temperamento brutale portarono l'umanità in un mondo violenza, distruzione e morte.

(Il risultato della corruzione propria delle divinità minori fu violenza, perversione, nonché la nascita di creature mostruose)

Si sono corrotti…hanno dato alla luce i Violenti e le creature
ibride…ed ecco, tutta la terra venne corrotta…quelle creature ibride
lo attaccarono.
(Il Libro dei Giganti, frammenti)

**i Violenti iniziarono ad essere turbati da una serie di sogni e
visioni.**
**Mahaway, il gigante figlio del messaggero Barakiel riferisce il
primo di questi sogni ai giganti suoi amici.**
Egli vede una tavoletta che viene immersa nell'acqua.
**Quando essa emerge, tutti i nomi eccetto tre (Cam, Sem, Iafet)
sono stati lavati via.**
**Il sogno simboleggia evidentemente la distruzione dell'intero
mondo, fuorché di Noè e dei suoi figli, con l'inondazione del
Diluvio.**

Essi immersero la tavoletta
nell'acqua e le acque salirono
fino a ricoprire la tavoletta.
Essi tirarono fuori
la tavoletta dall'acqua.
(Il Libro dei Giganti, frammenti)

il gigante andò dagli altri ed essi discussero sul sogno.

Questa visione è di malaugurio e di sofferenza.
Io sono colui che ha confessato la fine dell'intero gruppo di
naufraghi che io andrò a cercare.
Da allora gli spiriti degli uccisi si lamentano dei loro carnefici e
strillano che essi moriranno tutti assieme,
e così sarà compiuta la loro fine...

Questa è la visione introdotta nella riunione dei giganti
(Il Libro dei Giganti, frammenti)

**la visione che Oyha ebbe nel sogno premonitore fu di un albero sradicato eccetto per tre delle sue radici;
l'importanza di questa visione era analoga a quella del primo sogno.**

tre delle sue radici vennero risparmiate.
Mentre io le osservavo,
vennero lì ed essi spostarono le radici in questo giardino,
(Il Libro dei Giganti, frammenti)

**Oyha tenta di sfuggire alle implicazioni delle visioni.
Inoltre egli afferma di rendere conto solo al dio minore Azaz-el;
quindi egli suggerisce che la distruzione sia destinata solo ai regnati della terra.**

Riguardo alla morte delle nostre anime Ohya riunì insieme tutti i suoi compagni guerrieri e disse loro ciò che gli aveva detto Gilgamesh.
Gli era stato detto a riguardo al capo che ha maledetto i potenti ed i giganti furono felici di sentire queste parole.

Allora Ohya si voltò e li lasciò.
(Il Libro dei Giganti, frammenti)

Altri sogni affliggono i giganti.
I dettagli della visione sono oscuri, si tratta di un cattivo
presagio per i giganti.
I sognatori parlano per prima cosa alle creature ibride,
e poi anche ai Violenti.

Subito dopo,
due di loro ebbero dei sogni,
e il sonno dei loro occhi svanì da loro,
ed essi si alzarono,
vennero e raccontarono i loro sogni,
e dissero nell'assemblea del sinedrio dei loro simili,
le creature ibride:
"Nel mio sogno stavo vegliando proprio questa notte,
e c'era un giardino,
ed i giardinieri stavano annaffiando 200 alberi e grandi germogli
spuntavano dalle loro radici,
ma tutta l'acqua ed il fuoco bruciò tutto il giardino",
ed essi cercarono i giganti per raccontarglielo.

Qualcuno suggerì di trovare Enoch, per fargli interpretare la
visione.

"Andrò da Enoch il famoso scriba,
ed egli interpreterà per noi il sogno."
Subito dopo suo fratello Oyha parlò e disse ai Violenti:
"Anch'io ho fatto un sogno stanotte Giganti:
il Signore dei cieli è sceso sulla terra ... e così termina il sogno."
Subito dopo tutti i Giganti e le creature ibride cominciarono a
spaventarsi.

Chiamarono Mahaway.
Egli venne da loro ed i Violenti lo supplicarono e lo inviarono da
Enoch il famoso scriba.
Essi gli dissero:
"Vai,
tu che hai udito la sua voce."
E gli disse:
"Lui interpreterà i nostri sogni!"

Nonostante sono più che consapevole che la trascrizione sopra riportata si basa su una ricostruzione che possiamo definire "relativa" e di conseguenza è inevitabile che vi sia un certo grado di inesattezza (dunque consideriamola come un tentativo di ricostruire un qualcosa che nel concreto con molta probabilità è andato perduto per sempre), ho comunque voluto riportarla poiché ritengo che nei punti dove la traduzione è più sicura ci siano degli spunti di riflessione interessanti in merito alla concezione che avevano gli antichi (in questo caso il Medio Oriente nel periodo immediatamente successivo all'ellenizzazione di Alessandro il Conquistatore) dei sogni e dell'oniromanzia:

1)in merito all'interpretazione del sogno, il gigante decide di consultarsi con gli altri, non addossandosi completamente l'immane compito ma dando a loro (suoi pari) la possibilità di analizzare la visione e trovare insieme un interpretazione più razionale ed obiettiva,

2)vediamo come, nonostante abbiano avuto sogni dettagliatamente diversi, sia Mahaway che Oyha (o Ohya) hanno in realtà ricevuto lo stesso messaggio, il quale, gli è stato rivelato tramite visioni che hanno (di conseguenza) una natura riccamente simbolica, andando quindi ad escludere in generale (o almeno in questo caso) una visione letterale, in favore bensì di una metaforica,

69

dunque:
I SOGNI SONO MOLTO PIÙ DI QUELLO CHE VEDIAMO!!!

3)in questi passi è riportato un concetto apparentemente estraneo agli altri testi.

Questo probabilmente è dovuto al fatto che nelle opere precedenti il contesto narrativo è di tipo puramente monoteista (anche se nell'impostazione originale della Bibbia percepiamo un'essenza enoteista) in relazione al dio biblico "Yahweh", mentre in questo caso, nonostante Enoch sia considerato monoteista (in riferimento al già citato dio ebraico Yahweh), alcuni dei personaggi del racconto, come Ohya, preferiscono adorare altre divinità (nel suo caso il dio Azaz-el) proponendo quindi una visione (seppur all'apparenza monoteista) che comprende più divinità (come se fosse una sorta di reinterpretazione del concetto politeista nel tentativo di conciliarlo con quello monoteista, oppure come se il monoteismo fosse in realtà una forma di assolutismo nei confronti di una sola divinità estrapolata ed evolutasi nel tempo dal contesto politeista, come appunto testimonia la logica enoteista presente in alcuni passi della Bibbia).

Dunque sia nel caso dei libri di Enoch che dei libri biblici non si deve parlare di monoteismo ma bensì di enoteismo ("Dio è infatti l'Iddio degli dei", Deuteronomio 10:17).

In questa nuova chiave di lettura vediamo come il significato del sogno non sia unico ma dipenda bensì da altri presupposti fondamentali.

La sua interpretazione deriva quindi dal soggetto che riceve il sogno, dalle sue inclinazioni religiose, dal rapporto che si ha con determinate divinità e da quello che invece non si ha con le altre, dalla sua appartenenza etnica e dal legame con determinati gruppi. Il significato del sogno ad esempio, cambia se proviene da un'entità divina o da un'altra, se deriva da una divinità specifica il suo

significato potrebbe riguardare solo i suoi adoratori ed escludere gli altri, se il soggetto ricevente il sogno non adora quella divinità o non appartiene al gruppo che l'adora potrebbe essere stato selezionato dal dio come messaggero o profeta del popolo adorante e potrebbe assumere più significati per più tipi di soggetti.
Il sogno profetico diventa così estremamente amplio e ricco di sfumature e la sua comprensione diviene per certi versi molto impegnativa e relativa,

4)un punto degno di riflessione è la scelta da parte dei Giganti di consultare "Enoch, il famoso scriba".
In questo passo vi è un principio davvero rilevante, punto che (concettualmente parlando) ritroveremo anche in seguito, ovvero la necessità in alcuni casi di rifarsi all'ausilio di figure professionali e/o competenti che permettano in casi particolari come nel caso dei sogni che causano gravi forme di turbamento emotivo, di avere un supporto metodico professionale e nei casi più gravi un aiuto terapeutico efficace e risolutivo (o almeno contenitivo).
Ovviamente nel 3.400 o 9.000 avanti Cristo (oppure 300/100 avanti Cristo se ci riferiamo al periodo della stesura dei libri di Enoch) non essendovi psicologi e psichiatri ed essendo il contesto storico culturale di riferimento basato su una visione religiosa del mondo, la figura di riferimento diventa quindi un uomo di fede (oppure una figura più mistica come quella del "Saggio viaggiatore" o di uno sciamano) come un sacerdote, un mistico o in questo caso un profeta,

5)l'ultimo punto che ho riscontrato importante riguarda il problema della definizione dei sogni.
Questo concetto (che ovviamente come nel punto precedente andremo ad ampliare in seguito) è un punto fondamentale inerente al tema dell'interpretazione dei sogni e nonostante non l'abbia

ancora approfondito nei passi precedenti è un aspetto che riguarda anche i contesti culturali delle opere antecedentemente analizzate. Per quanto nella chiave di lettura oniromantica ogni sogno possiede di per se un significato, sta di fatto che la comprensione del sogno stesso dipende (tra le altre cose) dalla sua chiarezza e dalla sua completezza.

Molti sogni infatti risultano "mancanti", offuscati come da una nebbia e ovattati nella loro voce, la memoria di essi diventa enigmatica e nel loro mistero racchiudono un potenziale di incertezza non indifferente.

La loro comprensione diventa davvero ardua e porta inevitabilmente a riconoscere i limiti di quest'arte (comprendere i sogni è possibile ma non sempre!).

Qui di seguito vi propongo uno schema riassuntivo contenente i punti principali precedentemente acquisiti in merito all'oniromanzia...

ONIROMANZIA

1)l'oniromanzia è l'arte di interpretare i sogni,

2)i sogni possono predire il futuro,

3)i sogni premonitori hanno origine da creature spirituali,

4)non tutti i sogni hanno origine da entità spirituali,

5)i sogni non riguardano solo chi riceve il messaggio onirico,

6)i sogni fungono da guida per la vita di tutti i giorni,

7)sogni diversi tra di loro possono avere lo stesso significato,

8)i sogni necessitano di un interprete,

9)i sogni premonitori non sempre sono ben definiti ma a volte mostrano un immagine ed un significato enigmatico,

10)il significato dei sogni premonitori dipende dal rapporto tra l'entità che lo rivela ed il sognatore che lo riceve.

Alla luce delle opere analizzate ci rendiamo conto di come, nonostante il passaggio dalla preistoria alla storia, gli esseri umani della storia antica abbiano perpetrato ed ampliato le pratiche del periodo preistorico assorbendole nelle nuove culture nascenti e promuovendo cosi una visione sempre più magica, sovrannaturale e misteriosa del sogno.

Tale visione pur evolvendosi in altre credenze e pratiche in funzione delle nuove culture nascenti rimase viva anche nel periodo medievale.

Trovò però una prima rilevante opposizione nell'età moderna con l'affermazione della corrente illuminista (i lumi della ragione che sostenevano le scienze naturali, la filosofia ed in generale la ragione umana come strumenti interpretativi corretti) ma ritrovò sostenitori con l'avvento del Romanticismo (con la piena rivalutazione di tutto ciò che apparteneva al mondo occulto, spirituale, religioso, emotivo, aspetti della cultura umana che erano stati in parte repressi nella corrente precedente e che riemergevano a motivo del bisogno umano di spiritualità rientrando nel magistero della scienza come scienze sovrannaturali).

Per quanto queste pratiche nell'età contemporanea (dunque fino anche al giorno d'oggi) siano ancora ampiamente diffuse (in particolare notiamo come esse siano ancora estremamente vive e parte integrante di culture e luoghi antichi) e considerate "vera scienza" (da parte di persone che però spesso non padroneggiano il concetto di "metodo scientifico") bisogna evidenziare come la diffusione di queste pratiche e credenze sia stata nel tempo limitata proprio dall'affermazione di quella che viene definita "rivoluzione scientifica" (ci riferiamo dunque all'enorme valore del lavoro di Copernico, Galileo e Newton), la quale, basandosi sull'analisi critica tipica della filosofia occidentale propone una visione del mondo basata sulla ragione, che porterà nel tempo ad una visione del sogno consequenzialmente più razionale (parliamo ad esempio di psicologia e biologia), più concreta ed apparentemente più valida (anche se non necessariamente più veritiera rispetto alle precedenti).

RIFLESSIONE DELL'AUTORE:

Prima di proseguire la mia analisi critica ritengo sia necessario, nel rispetto delle credenze altrui e dell'altrui sensibilità riportare una breve riflessione in merito a quanto appena affermato.

Per quanto la descrizione delle pratiche, delle opere e delle possibili interpretazioni sopra riportate possa lasciar trasparire un sentimento di parzialità nei confronti degli argomenti e delle visioni di natura religiosa ed in generale spirituale, bisogna precisare che in nessun caso questo libro vuole confutare l'esistenza di realtà superiori a quella fisica o accanirsi contro credenze e pratiche rituali ad esse dedicate.

Io medesimo pur non considerando veritiere (essendo questo un saggio filosofico di tipo olistico ho il dovere di citare ogni aspetto del mondo dei sogni a me disponibile, anche quegli aspetti che non condivido a livello puramente personale) parte delle credenze mitiche, leggendarie, religiose o spirituali citate in questo libro (sono comunque un uomo di formazione scientifica oltre che spirituale e cristiana), identificandole più che altro come evoluzioni culturali del magistero religioso, mi identifico assolutamente come un uomo di fede (come cristiano credo in Dio, nella Bibbia ed in Gesù Cristo) e, per rimanere nel tema dei sogni, credo, come verità dello spirito (dunque come verità di fede) che in momenti particolarmente bui della mia vita il Creatore stesso (Dio) mi abbia offerto (come agli altri suoi servitori del passato e del presente) la sua guida ed il suo consiglio tramite testi antichi, sogni e visioni, al pari di una lampada fornitami al tempo giusto per essere "una luce sul mio cammino" ed illuminare la strada della vita nella lunga notte oscura dell'esistenza.

Ma nonostante la mia spiritualità (attribuisco un valore
fondamentale al mondo spirituale ed alle pratiche a esso connesse,
come ad esempio la preghiera e la meditazione) ritengo sia
assolutamente doveroso (nel caso dell'analisi filosofica) ragionare
sulla verità dell'esistenza seguendo appunto l'ordine dei 3 mondi
dell'esistenza;

1)**il mondo umano,**

2)**il mondo naturale,**

e per ultimo,

3)**il mondo sovrannaturale,**

ovvero quella parte della realtà che va al di là dell'uomo e
dell'universo fisico, costituendo ciò che gli uomini nelle varie
interpretazioni chiamano Regno di Dio, mondo spirituale, realtà
immateriale o anche mondo degli spiriti.
Applicandosi però nella ricerca della conoscenza tramite appunto
analisi critica diventa di fondamentale importanza ricercare la verità
avendo però sempre in mente l'ordine corretto dei 3 mondi
dell'esistenza e delle loro rispettive scienze.
Dunque ogni questione o possibile interpretazione dovrà prima di
ogni altra cosa essere esaminata secondo la logica e la sapienza
delle scienze umane (tenendo conto anche della precedentemente
citata verità di percezione che come spiegò anche Galileo Galilei ha
comunque un ruolo fondamentale nella ricerca della verità),
successivamente secondo le scienze naturali (dunque prendendo
come modello di riferimento il "metodo scientifico", ideato e
promosso anch'esso da Galileo Galilei, per questo chiamato anche
"metodo galileiano") ed in seguito iniziare a ricercare anche le
risposte superiori che esistono al di là dell'uomo e del cosmo (come

ad esempio le verità dello spirito, le verità trascendentali o le verità di Dio) ricordando ovviamente che solo perché riusciamo a trovare una spiegazione ciò non significa che tale spiegazione (per quanto logica) sia quella corretta.

Ovviamente questo non significa che se esiste un essere superiore, uno spirito onnisciente o come nel caso di Giuseppe "il Re dei sogni" un dio, egli non è in grado di comprendere, rivelare ed interpretare i sogni, e non significa neanche che non vi siano modi, tecniche o pratiche che ci permettano di viaggiare nelle dimensioni spirituali, magari proprio grazie ai sogni (che comunque appartengono al mondo spirituale dell'animo umano), il mondo spirituale essendo una realtà diversa da quella del mondo fisico o materiale non è metodicamente o storicamente analizzabile quindi non possiamo su di esso fare esperimenti scientifici (come ad esempio una simulazione al fine di riprodurre in laboratorio un determinato fenomeno) o ricerche storiche (come si potrebbe fare ad esempio nel caso dell'archeologia, della geologia o della paleontologia) di conseguenza in senso concreto non possiamo trarre conclusioni di alcun tipo (il mondo spirituale non è confrontabile, modellizzabile e sperimentabile, di conseguenza quasi tutte le sue conoscenze sono considerate teorie di livello 6, dunque, per il momento indimostrabili), lasciando dunque le suddette conclusioni nell'ambito della propria fede, per dirla in altre parole:
per quel che ne sappiamo nel mondo spirituale tutto è possibile, e se tutto è possibile, delinearne schemi fissi, limitanti ed analizzabili è semplicemente impossibile.
Quello che però dobbiamo ricordare è che anche se tutto questo (la rivelazione di un sogno da parte di un entità superiore o il viaggio mistico tramite sogni, ecc.) fosse possibile ed effettivamente accadesse (come molti testimoniano), l'evento andrebbe comunque considerato come un incredibile e scioccante eccezione alle situazioni della quotidianità, un evento unico nel suo genere, e non

come una regola, lasciando sempre spazio così ad una valutazione
di tipo logica e scientifica per quel che riguarda tutti gli altri casi.
Per quanto una visione sovrannaturale del sogno (come
quella che si aveva nei tempi antichi) sia dunque indubbiamente
un'interpretazione piena di fascino ed estremamente emozionante (e
magari anche veritiera), dobbiamo però tenere a mente che questo
modo di vedere le cose avveniva in un tempo dove era
estremamente difficile trovare altre chiavi di lettura.
Con l'avvento della rivoluzione scientifica, creata dal lavoro dei già
citati Niccolò Copernico (1473-1543), Isaac Newton (1642-1726),
ma soprattutto da Galileo Galilei (1564-1642), vediamo l'affermarsi
di un nuovo modo
di vedere il mondo; un modo che, partendo dalla filosofia (ovvero la
scienza prima della rivoluzione scientifica) e dalla sapienza di chi vi
è stato prima di loro, porterà sempre di più ad affermarsi la ragione,
la logica ed i fatti verificabili e analizzabili, provando così a dare
una spiegazione naturale e umana di tutto ciò che esiste
nell'universo, compreso il mondo dei sogni (che anche se possiede
di per se una natura spirituale, ha spesso origine nel mondo fisco).
Per quanto questa spiegazione sia probabilmente meno affascinante
delle precedenti, allo stesso tempo si è rivelata comunque intrigante
e per certi versi sbalorditiva...molto più di quanto potessimo
immaginare!

LÀ, DOVE I SOGNI PRENDONO VITA!

Addentrandoci in questo nuovo ragionamento ed escludendo così
ogni sogno di origine sovrannaturale dovremo iniziare a vedere il
sogno non come una "rivelazione mistica" ma bensì come un
"pensiero notturno";

quindi da ora in avanti penseremo al sogno come un prodotto della mente umana nelle fasi più intense del sonno.
Per quanto questa nuova visione sembri in apparenza molto più chiara e semplice di quella precedente, in realtà presenta anch'essa delle insidie e delle complicazioni;
la domanda fondamentale che mette in crisi la questione è la seguente:

come potrebbe quindi il sogno essere un prodotto della mente umana se la questione inerente la natura e l'origine dei sogni si basa proprio sull'impossibilità da parte dell'uomo di percepirli come un qualcosa di proprio?

Da questo punto di vista sembrerebbe quasi che la visione oniromantica dei sogni sia più plausibile di quella naturale.
Per riuscire a conciliare questi punti così da ritrovare un filo logico bisogna introdurre nel nostro ragionamento un nuovo concetto; questo nuovo concetto sulla base dei presupposti della domanda precedentemente presentata deve essere un qualcosa che sia considerabile parte integrante della nostra mente (quindi che ha assolutamente un origine interna) ma che vada al di là della nostra capacità di auto-percezione sfuggendo dunque ai radar della nostra ragione.
In soccorso al nostro ragionamento vengono a noi le scienze psicologiche, presentandoci un nuovo concetto scientifico che nella nostra questione sarà altamente esaustivo nonché determinante… l'**INCONSCIO**.

Proviamo ora a fare un riassunto concettuale della nostra mente così da fare chiarezza sulle varie parti che la compongono...
la mente umana può essere così divisa in due parti fondamentali:

1)la **coscienza** (o **conscio**),

2)l'**inconscio**.
Partiamo ora iniziando dalla coscienza...la coscienza si può definire concettualmente come **l'auto-percezione di se stessi**, ovvero **quella parte della nostra mente che noi riusciamo a percepire**.
Come precedentemente esposto, la coscienza è chiaramente una parte importantissima della nostra mente, il fondamento del proprio Io.
È proprio in questa parte della nostra mente che si costruiscono le parti di noi che ci rendono umani civilizzati, qui infatti possiamo trovare:

1)la capacità di **"pensiero concreto"**, è la prima forma di pensiero conscio che si sviluppa nella mente umana, è il pensiero che si focalizza sul mondo fisico dell'immediata percezione, non soffermandosi sulle varie sfumature spazio/temporali, ma focalizzandosi invece sul "qui ed ora", sugli oggetti fisici e sulle definizioni letterali,

2)la capacità di **"pensiero astratto",** ovvero la capacità di andare oltre al pensiero concreto, aggiungendovi aspetti spaziali e temporali non presenti nell'immediato come ad esempio il passato, il futuro, oltre l'orizzonte, lo sconfinato, ed anche concetti logici metafisici, come le realtà immateriali, ma soprattutto la capacità di fondere tra loro concetti concreti e non, al fine di creare nuove idee e nuovi pensieri, dunque la capacità di creare ed inventare,

3)la capacità di **"ragionare"** o la **"Ragione"**, dunque il prodotto del pensiero astratto e del pensiero concreto, la capacità di eseguire e costruire pensieri logici sotto tutte le sfaccettature umane possibili.

Tra i vari prodotti della coscienza (ci riferiamo anche alle capacità sopra citate) vi possiamo trovare:

1)la percezione di **"bene** e **male"**,

2)la percezione di **"giusto** o **sbagliato"**,

3)la capacità di stabilire la propria **"identità individuale"**.

In apparenza questa parte della nostra mente non sembra utile ai fini del nostro viaggio ma, in realtà, per quanto (come abbiamo appreso) il sogno non ha origine nella nostra coscienza, in cambio, è proprio in essa che risiedono tutte quelle capacità che ci permetteranno di comprenderlo ed interpretarlo.
Analizziamo ora i punti chiave dell'inconscio.

Ho scelto di trattare prima il concetto di conscio poiché è proprio in funzione della coscienza che si riesce a costruire il seguente concetto.

Partiamo proprio da questa definizione, possiamo definire dunque l'inconscio come **"tutta la parte della nostra mente di cui non abbiamo auto-percezione"**, oppure **"tutta quella parte della nostra mente che agisce indistintamente dal nostro volere"** o ancora **"tutta la parte della nostra mente che noi non riusciamo a controllare e/o dominare in maniera completa o anche solo parziale"**.

Da queste definizione riusciamo già a cogliere i punti fondamentali:

1)ogni forma di processo mentale o di pensiero che avviene nella nostra mente ma di cui non siamo coscienti è automaticamente parte del nostro inconscio,

2)l'inconscio non può essere controllato dalla coscienza.
Per quanto la ragione possa provare a sottometterlo alla fine l'inconscio si ribellerà sempre ad essa, spezzerà qualunque catena impostagli e prenderà il sopravvento sulla ragione.
"L'inconscio è un animale indomabile!"

NOTA DELL'AUTORE

Per spiegare il rapporto di dominio/sottomissione tra coscienza ed inconscio di solito si usa l'esempio del fantino e dell'elefante:
il fantino (la nostra coscienza) ha l'immagine e a tratti il folle desiderio di addestrare, dominare e sottomettere (come purtroppo avviene ancora oggi in varie zone dell'Asia) l'elefante (che rappresenta il nostro inconscio) così da piegarlo al suo volere.
L'elefante è molto più grande, robusto, imponente, forte e potente del fantino, è chiaro che tra i due non vi può essere un confronto fisico, il fantino non avrebbe alcuna possibilità di vincere uno scontro fisico ma grazie alla sua astuzia ,le sue tecniche di addestramento (unite forse ad atti di violenza psicologica e fisica) riesce a reprimere l'elefante così da averne il pieno controllo (o almeno così sembrerebbe).

L'elefante, come ogni altro animale selvatico subirà in silenzio il dominio del fantino (mostrando quindi un atteggiamento apparentemente passivo e remissivo) solamente per un tempo limitato poiché, ogni volta che si impone un limite alla propria libertà (che sia essa libertà di pensiero, di azione, ecc.) la mente del soggetto (ci riferiamo ovviamente all'inconscio) attiva una reazione di ribellione (in un certo senso richiama un po' Il concetto alla base del terzo principio della dinamica ovvero "Ad ogni azione corrisponde una reazione uguale e contraria") al fine di divincolarsi da quel limite, come se il nostro inconscio percepisse di essere finito in una gabbia, in una trappola, in un burrone o in un crepaccio e dovesse in risposta evadere o fuggire da una situazione pericolosa o addirittura potenzialmente fatale.
A motivo di ciò, dopo aver ricevuto maltrattamenti ed essere stato soggiogato, l'elefante reagirà sprigionando tutta la sua potenza e liberandosi così dai limiti impostogli e prendendo lui il pieno controllo della situazione.

Parliamo dunque del pieno controllo della situazione...nelle mani di un animale indomabile!

Come avrete dedotto è davvero pericoloso pensare e cercare di avere il pieno controllo di qualcosa che non possiamo pienamente controllare!

Dobbiamo semplicemente accettare il fatto che, per quanto possiamo avere il controllo di una parte di noi stessi ci sarà sempre qualcosa dentro di noi di più grande e che non potremo mai davvero controllare...dobbiamo semplicemente imparare a conviverci e farlo, nel caso dei sogni...migliorerà indubbiamente la nostra vita!

L'inconscio, per quanto variegato e ricco di sfumature, può così essere diviso in due parti principali:

1)l'inconscio **"personale"**,

2)l'inconscio **"collettivo"**.

L'inconscio personale è quella parte del nostro inconscio all'interno della quale risiedono tutti gli aspetti specifici e unici della nostra persona, come ad esempio:

1)i nostri **sentimenti**,

2)le nostre **emozioni**,

3)l'**istinto acquisito**.

L'inconscio collettivo invece, indica tutte quelle parti del nostro inconscio che possono essere definite generiche, ovvero che non appartengono ad un singolo individuo ma bensì a tutti i membri della sua specie o di quella discendenza, alla quale quell'individuo appartiene.
L'esempio per eccellenza è costituito dall'**istinto innato**, ovvero tutti quegli aspetti del nostro comportamento che noi, come tutte le altre creature viventi, abbiamo ereditato dai nostri antenati.

NOTA DELL'AUTORE

Al fine di comprendere meglio il rapporto tra i sogni e l'inconscio dobbiamo tenere presente che questi due aspetti dell'inconscio non sono separati l'uno dall'altro ma anzi si relazionano tra loro modificandosi a vicenda.

Vediamo ad esempio che in ognuno di noi è presente sia un istinto innato che un istinto acquisito, le caratteristiche dell'istinto innato influenzano quelle dell'istinto acquisito, ma le caratteristiche dell'istinto innato sono state acquisite gradualmente nel corso di centinaia, migliaia o anche milioni di generazioni dai nostri antenati, i quali hanno acquisito durante la loro vita caratteristiche comportamentali che di generazione in generazione sono state solidificate sempre più dalla loro discendenza, la quale però, con lo stesso metodo potrebbe nel tempo modificarle o sostituirle con altri istinti acquisiti che nel tempo diverrebbero anche loro innati.

È proprio in questa complessa e intricata parte della nostra mente che nascono i sogni e vengono creati tenendo conto sia dei nostri istinti primordiali che delle nostre emozioni più profonde (in realtà esiste un caso che si discosta dall'affermazione sopra presentata, ed è il caso dei sogni lucidi, che però affronteremo meglio in una parte a essi dedicati, per il momento possiamo considerarli come l'eccezione che conferma la regola).

NOTA DELL'AUTORE

Nella definizione inerente le parti principali della nostra mente ho
tralasciato un concetto che varie volte viene considerato fondamentale
in merito alle tematiche riguardanti la mente umana,
il "SUBCONSCIO".
Questa disdicevole mancanza non è dovuta ad una mia negligenza
narrativa ma bensì all'equivocità che questo termine ha assunto nel
tempo.
Si parla nella fattispecie di un termine che viene utilizzato come
sinonimo di concetti piuttosto specifici ma non necessariamente legati
tra di loro, come:

1)la fase REM del sonno,

2)l'istinto (in senso generico),

3)le proprie emozioni più profonde,

andando così a creare uno stato di confusione ed ostacolando così una
più chiara definizione di quello che è un concetto chiave (è fortemente
probabile che essendo il subconscio un termine molto apprezzato nella
cultura popolare, l'industria dell'intrattenimento, i blog, il giornalismo e
simili abbiano usato questo termine accattivante nei loro lavori,
dandone una loro personale ma distorta interpretazione).
Il termine significa sostanzialmente "sotto la coscienza" ed indica la
parte della nostra mente che esiste al di fuori della coscienza,
diventando dunque sinonimo del termine inconscio.

Qui di seguito vi riporto una mappa concettuale che riassume i punti fondamentali prima analizzati in merito alle varie parti della mente umana e a come esse si sviluppano e si relazionano l'una con l'altra:

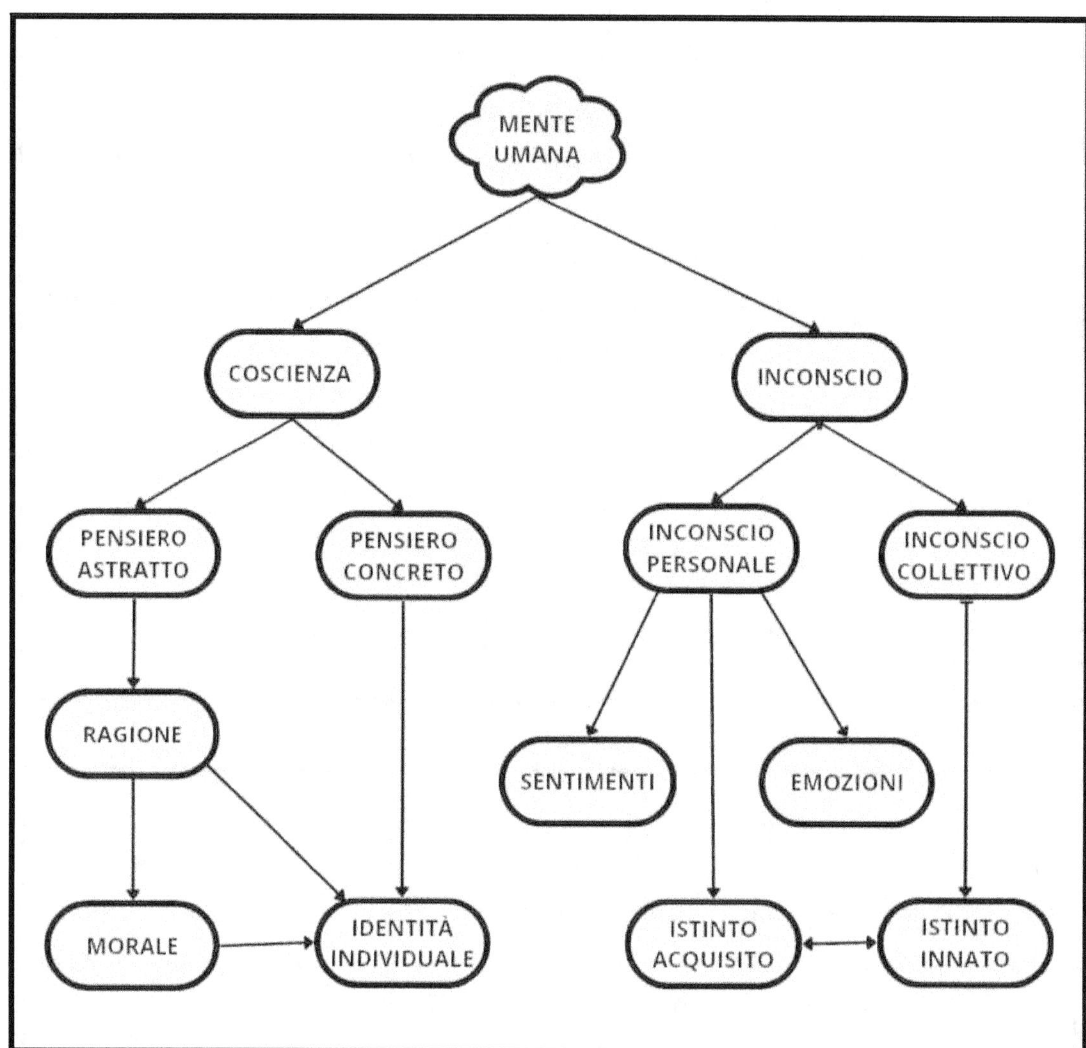

Tenendo conto di tutto il percorso fatto fino ad ora bisogna riconoscere che non è possibile dare del sogno una definizione che sia pienamente olistica, poiché non vi può essere una definizione che comprenda tutti i concetti ed i punti di vista precedentemente citati senza sforare inevitabilmente in qualche forma di contraddizione (il che non sarebbe necessariamente scorretto essendo la natura umana intrinsecamente contraddittoria). Andando però a concentrarci solo sull'aspetto scientifico naturale possiamo invece stabilire effettivamente cosa sia il sogno e darne la seguente definizione:

"IL SOGNO È UN PENSIERO NOTTURNO CHE AVVIENE ALL'INTERNO DEL NOSTRO INCONSCIO DURANTE LE FASI PIÙ INTENSE DEL SONNO".

In alternativa possiamo definirlo anche come:

"UN FENOMENO PSICHICO GENERATO DURANTE LA FASE REM DEL SONNO E COMPOSTO DA SUONI, IMMAGINI, LUCI ED ALTRE FORME A NOI PERCETTIBILI COME REALI."

QUANTI TIPI DI SOGNI ESISTONO?

Il titolo di quest'opera, **"VIAGGIO NEL MONDO DEI SOGNI"**, si ispira (tra gli altri motivi) alla natura immensamente ampia e variegata dei sogni.

Di fronte a questa grande varietà viene naturale provare un senso di disorientamento.

Di conseguenza, viene altrettanto naturale cercare di comprendere le tipologie di sogni esistenti al fine di fare chiarezza sul mistero e raggiungerne una più alta consapevolezza per mezzo della classificazione.

Dunque (come anche ad esempio nel caso della classificazione delle specie che **non è una classificazione assoluta** ma cambia e si modifica nel tempo con la ricerca ed il dibattito scientifico) la seguente suddivisione non va considerata **assoluta** ma bensì un punto di partenza indicativo, concettuale ma comunque fondamentale.

NOTA DELL'AUTORE

L'uomo ha da sempre cercato di dividere, classificare e catalogare il mondo che lo circonda, ritenendo questo modo di affrontare la realtà circostante il modo migliore per avvicinarsi ad una già citata corretta comprensione del tutto.

Per quanto il principio logico alla base di questa procedura (per comprendere un qualcosa di molto grande e complesso bisogna suddividere il suddetto qualcosa in parti più piccole semplificando così il soggetto d'analisi per poi analizzare quindi le singole parti e provare a

I nostri sogni potrebbero infatti rientrare perfettamente in una tipologia ma anche essere una via di mezzo tra 2 o più di esse, o addirittura non rientrare in nessuna tipologia fin'ora riscontrata. Vediamo ora insieme quali sono le tipologie di sogni che solitamente viviamo durante le nostre ore di sonno:

SERIE DI SOGNI

Si tratta di sogni che appartengono ad un unica trama narrativa.
Essi potrebbero sviluppare la suddetta trama grazie ad una sequenza di sogni.
Per fare un esempio, possiamo immaginare questi sogni come le puntate di una serie o di una miniserie, dove ogni singolo sogno corrisponde ad un episodio che, partendo dal finale dell'episodio precedente si conclude

con un finale aperto (senza necessariamente la presenza del tipico "colpo di scena" televisivo) che serva da collegamento con il prossimo episodio.

Dal punto di vista temporale questi sogni non sono necessariamente consequenziali.

I sogni potrebbero avvenire in notti diverse, a distanza anche di giorni, ed essere così divisi da una serie di altri sogni non collegati a questa serie.

SOGNI RICORRENTI

Si tratta di sogni che appartengono ad un unica trama narrativa ma che a differenza della **SERIE DI SOGNI** non sviluppano la suddetta trama di sogno in sogno.

La trama viene sviluppata tutta in una sola volta tramite un singolo sogno (a volte, come nel caso di Faraone e Giuseppe, il sogno ricorrente ha un aspetto differente ma è ricorrente nel suo significato), che poi si ripete nei successivi sogni (dunque parliamo dello stesso sogno ripetuto più volte).

Per quanto la trama principale dei **SOGNI RICORRENTI** è sempre la stessa, gli aspetti secondari potrebbero variare di sogno in sogno rendendo quindi questi sogni uguali nella sostanza ma unici nei dettagli (come se ogni sogno fosse una parafrasi o una reinterpretazione di una stessa storia).

La ricorrenza di tale sogno indica l'importanza del messaggio intrinseco del sogno stesso, il quale verrà ripetuto finché non ci sarà più bisogno di comunicarcelo.

SOGNI LUCIDI

NOTA DELL'AUTORE

In generale quando si parla dei sogni colui che li vive viene chiamato generalmente o semplicemente sognatore, in funzione chiaramente dell'atto di sognare.

In questo caso però per quel che riguarda i sogni lucidi e tutte le loro varianti bisogna introdurre un nuovo termine specifico, "onironauta".

L'onironauta (oniro = sogno, nauta = navigatore e/o marinaio, dunque "il navigatore dei sogni") è dunque colui che invece di vivere i sogni in maniera passiva (ovvero vivendoli anche in prima persona ma come spettatore o addirittura subendoli) ha la possibilità e la lucidità di vivere i suddetti sogni in maniera attiva e controllata, viaggiando o comunque muovendosi in essi al pari di un timoniere che solca le onde tra i mari inesplorati (in questo caso "tra i mari inesplorati della nostra mente").

L'atto da parte dell'onironauta di viaggiare nei sogni si chiama "onironautica".

Questo tipo di sogno è davvero unico ed incredibile.

Come abbiamo visto in precedenza, noi "subiamo" i sogni senza averne coscienza;

avendo origine nell'inconscio, la nostra coscienza vive i sogni come se fossimo spettatori di un video-ricordo che inizia e si conclude indistintamente dalla nostra volontà.

I **SOGNI LUCIDI** costituiscono una vera e propria eccezione alla regola!

Questi sogni infatti vengono vissuti con una lucidità

quasi identica a quella del mondo reale, al punto tale da essere percepiti a volte proprio come la realtà, per poi scoprire al risveglio...che si trattava solo di un sogno!
Un'altra caratteristica davvero rara che appartiene a questa tipologia di sogno è la capacità di autodeterminazione strutturale del sogno stesso da parte dell'onironauta;
vediamo insieme come si sviluppa questo sogno e come questa caratteristica si manifesta:

1)il nostro inconscio crea inizialmente un sogno (immagini, suoni, luoghi e soggetti animati come animali o persone).
Questo sogno non è spazialmente infinito, ma esiste solo entro i limiti della propria percezione.
Per fare un esempio:
è un po come nello studio di registrazione di una sitcom o come nel palcoscenico di un teatro, dove noi vediamo un ambientazione, come una stanza o una strada, all'interno della quale si svolge una scena.
Per quanto quell'ambientazione venga costruita per dare l'idea di continuità è chiaro che al di fuori del piano scenico l'ambientazione non continui, quindi al di fuori delle porte e delle finestre poste nel palcoscenico non vi è nulla, e se continuassimo per le strade disegnate sul palcoscenico ci porterebbero semplicemente in un retropalco privo di ambientazione.
Di conseguenza, se ad esempio sognassimo di essere all'interno di una stanza con una sola porta, fuori da quella stanza ed al di là di quella porta non ci sarebbe assolutamente nulla, solamente un vuoto assoluto.
Probabilmente questo è dovuto ad una questione di risparmio energetico;
non ha infatti senso per il nostro cervello lavorare nella costruzione degli aspetti di un sogno che non sono utilizzati in quel momento;

se in seguito il sogno si sviluppasse in quella direzione (andando,
come nell'esempio proposto, fuori da quella porta), allora il
cervello inizierebbe a costruire quel nuovo scenario (l'esterno della
stanza) cancellando quello vecchio (l'interno della stanza che
stiamo lasciando) ormai non più utile, per poi ricostruirlo di nuovo
nel caso il sogno si sviluppi ritornando nell'ambientazione
precedentemente (la costruzione del sogno come appena esposto in
questa prima fase avviene anche nel caso degli altri sogni),

2)la nostra coscienza di sé viene proiettata all'interno del sogno,

3)una volta collocati, potremo muoverci all'interno del sogno
addentrandoci sempre più verso i limiti dell'ambientazione del
nostro sogno,

4)è proprio in questa fase che si manifesta la capacità di
autodeterminazione degli onironauti.
Come abbiamo detto, l'ambientazione del sogno è stata creata dal
nostro inconscio, così come anche la trama narrativa che verrà
sviluppata durante esso;
essendo però questo un sogno lucido, l'onironauta non ha l'obbligo
di seguire la suddetta trama ma può svilupparne una
autonomamente, dunque, se l'onironauta deciderà di relazionarsi
con gli elementi del sogno in un determinato modo, il sogno si
modificherà di conseguenza;
e se decidessimo di spostarci superando i limiti dell'ambientazione
costituita, il nostro inconscio costruirà la nuova ambientazione in
armonia con le scelte dell'onironauta, il quale dunque è in grado in
questa fase di costringere l'inconscio a creare il sogno in funzione
della sua volontà.

NOTA DELL'AUTORE

Per quanto, come appena espresso, l'oninonauta in questi casi ha la capacità di muoversi liberamente all'interno dei sogni, sta di fatto che questa capacità va intesa come una caratteristica acquisita nel tempo, sviluppata dunque nel corso di varie sessioni di esplorazione.

Per quanto in generale vale la teoria secondo la quale l'onironauta sia in grado di muoversi liberamente, in realtà a volte avviene che all'interno del sogno vi siano dei limiti non superabili, dei punti dove l'onironauta nonostante la sua volontà non riesce ad accedervi, quasi come se il nostro inconscio si rifiutasse di sviluppare la trama del sogno in quella direzione cercando dunque di riallineare il sogno alla trama narrativa

prestabilita da quest'ultimo.

Non sappiamo precisamente perché questo accade, probabilmente essendo questo tipo di sogno basato sulla personale abilità di autogestione l'ipotesi più valida è che questi limiti siano dovuti semplicemente ad una scarsa esperienza.

Diventa possibile che con l'aumento dell'esperienza queste situazioni divengano sempre meno frequenti fino a scomparire del tutto.

In ogni caso però bisogna comunque riconoscere che questi limiti potrebbero semplicemente essere un tentativo del nostro inconscio di prendere o riprendere il dominio del sogno.

Da questa tipologia di sogno ne derivano altri (in questo elenco ho deciso di considerarli come tipi di sogno a tutti gli effetti ma in alternativa li potremmo anche considerare semplicemente come sottoinsiemi del **SOGNO LUCIDO**) che prendono il nome di:

1)**FALSI RISVEGLI**,

2)**SOGNARE AD OCCHI APERTI**,

3)**SOGNI CREATI**.

Continuiamo il nostro elenco analizzando insieme anche questi altri tipi di sogni…

FALSI RISVEGLI

NOTA DELL'AUTORE

Per quanto i **FALSI RISVEGLI** siano un sottogruppo dei **SOGNI LUCIDI** ed effettivamente questi sogni avvengano quasi sempre sotto forma di sogni lucidi, ipoteticamente potrebbero avvenire anche nei sogni passivi, sia come porzione che come componente essenziale.

Io personalmente posso testimoniare di aver sognato svariate volte nella mia vita dei **FALSI RISVEGLI** in forma passiva, dove quella che sembrava fosse lucidità, era in realtà una falsa coscienza, ideata dal sogno per scopi narrativi.

I **FALSI RISVEGLI** sono dunque una pseudo tipologia di **SOGNI LUCIDI** che consistono nella rappresentazione del risveglio nella propria zona di sonno. La persona infatti sogna di risvegliarsi nel luogo dove si è addormentata, luogo che viene mostrato in modo estremamente realistico, al punto da essere facilmente confuso con un vero risveglio.

All'inizio di questo sogno non è possibile rendersi conto che si sta sognando;
si riprendono le nostre classiche abitudini (alzarsi dal letto, cambiarsi i vestiti, fare colazione, ecc.) ed è solo ad un certo punto che solitamente si presenta una lacuna nella trama narrativa (qualcosa presente nel sogno che però non corrisponde alla realtà) che ci destabilizza e che ci fa comprendere che alla fine, era solo un sogno.

NOTA DELL'AUTORE

È bene precisare però che esistono alcuni **FALSI RISVEGLI** che si dissociano dalla precedente descrizione e che costituiscono una sorta di eccezione alla regola.

In questi casi la persona si risveglia nel suo luogo di sonno percependo da subito che non si tratta di un vero risveglio, in questi casi varie volte si notano da subito differente tra lo scenario percepito e quello reale (oggetti, persone e animali che non dovrebbero essere lì nella realtà).

In altri casi ancora il risveglio avviene in luoghi e situazioni diverse da quelle dove ci si è acdifferenzerendendo il sogno a primo impatto destabilizzante!

SOGNARE AD OCCHI APERTI

SOGNARE AD OCCHI APERTI in generale non è considerato un vero e proprio sogno poiché non avviene durante la fase REM e non avviene neanche (in senso più generico) durante il sonno vero e proprio; è bene precisare infatti che quando si parla di **SOGNARE AD OCCHI APERTI** spesso non lo si intende in senso letterale ma puramente simbolico, dove il  sogno viene quindi utilizzato come un concetto puramente metaforico.

In questa chiave di lettura **SOGNARE AD OCCHI APERTI** significa semplicemente "avere la testa altrove", ovvero non pensare al presente che si sta vivendo (o al mondo reale) per vivere invece nelle fantasie da noi stessi create.

In ogni caso, nonostante questa sua particolare interpretazione, tenendo conto proprio di alcuni aspetti di questa interpretazione simbolica, lo possiamo comunque introdurre nel nostro elenco come un sogno vero e proprio.

Si parla dunque di un sogno che avviene da sveglio e che si manifesta quando all'interno della nostra coscienza il nostro pensiero concreto lascia il posto al pensiero astratto, il quale crea una "fantasia" che detiene approssimativamente tutte (escludendo come chiaramente precisato prima lo stato dormiente del sognatore/onironauta) le caratteristiche tipiche del sogno.

NOTA DELL'AUTORE

Parlando del rapporto tra pensiero concreto e pensiero astratto dobbiamo evidenziare che questi due aspetti del pensiero umano non devono necessariamente alternarsi o contrastarsi ma anzi, coesistono e si manifestano contemporaneamente nella vita quotidiana.

Avviene però che il loro grado di affermazione nel pensiero umano non rimanga costante ma cambi durante la giornata a seconda degli stimoli esterni dateci o meno dall'ambiente, così che in determinati momenti uno dei due sia dominante o comunque abbia più spazio di affermazione rispetto all'altro (questo riguarda anche il rapporto tra inconscio e coscienza ed in generale tra le varie parti della mente umana).

Nel nostro caso vediamo come l'affermazione del pensiero astratto su quello concreto avvenga in maniera estremamente rapida ma comunque graduale (per richiamare alla mente l'oniromanzia, a volte sembra quasi come una visione che ci appare dinanzi improvvisamente ma che avviene come risposta ad uno stimolo esterno o anche come risposta

all'assenza di stimoli esterni, come avverrebbe ad esempio nel caso della meditazione naturale che si presenta proprio quando il nostro cervello è pienamente sveglio ma non riceve stimoli esterni da potere elaborare).

Il **SOGNARE AD OCCHI APERTI** potrebbe portare l'onironauta ad addormentarsi letteralmente, permettendo così una maggiore intrusione nel sogno da parte del nostro inconscio, il quale (ipoteticamente) potrebbe arrivare anche al punto di impadronirsene, reprimendo così il ruolo dominante del pensiero cosciente,
trasformando l'onironauta in un comune sognatore, ed in definitiva trasformando così il nostro sogno lucido in un sogno "convenzionale".

SOGNI CREATI

Partendo dai presupposti del **SOGNARE AD OCCHI APERTI** arriviamo ad una nuova tipologia di sogni:
i **SOGNI CREATI**.
Se una persona è infatti in grado di sognare anche da sveglio, ovvero durante le fasi lucide della nostra giornata o in generale della nostra vita (dove dunque la parte cosciente della nostra mente ha un ruolo predominante) comprendiamo

che è dunque possibile sfruttare la nostra coscienza andando così a creare i nostri stessi sogni.
Essendo questa un esperienza oniromantica creata dalla nostra mente lucida (possiamo definirla a tutti gli effetti il frutto della nostra creatività e fantasia) ritengo sia consequenzialmente necessario soffermarsi sulle possibili tecniche che permetterebbero all'onironauta di creare e gestire un tale sogno.

NOTA DELL'AUTORE

È mio dovere precisare che la seguente parte (**"COME CREARE UN SOGNO LUCIDO"**) non si basa su ricerche scientifiche ma costituisce bensì una raccolta di esperienze e testimonianze avute e narrate a livello personale da vari onironauti e appassionati di sogni lucidi e meditazione.

Ritengo infatti che essendo i sogni lucidi (mi focalizzo su di loro poiché costituiscono il tema che stiamo trattando in questa parte del libro ma ovviamente questa riflessione è valida anche per gli altri tipi di sogni) delle esperienze estremamente intime e personali, sia più che doveroso lasciare spazio anche alle testimonianze (ipotizzando e sperando che tali persone siano state sincere nella loro esposizione) di coloro che affermano di essere in grado di creare e gestire i suddetti sogni.

In questo caso però tralascerò la narrazione dei singoli sogni focalizzandomi invece sulle tecniche usate dagli onironauti per costruirli, tecniche che potrebbero a nostra volta permetterci di vivere questa incredibile esperienza.

In ogni caso è bene ricordare che queste informazioni dovranno essere considerate comunque ipotetiche, lasciando spazio ad un ampio margine di errore e quindi tenendo conto che se eseguite, magari anche con precisione, potrebbero non portare i risultati sperati.

Anche se con un po' di amarezza devo ammettere quindi che questo è uno di quei momenti della propria ricerca dove si tralascia il metodo critico e ci si mette simbolicamente a cercare la verità "andando a tastoni".

COME CREARE UN SOGNO LUCIDO?

Esistono in realtà più modi di ottenere un sogno lucido, alcuni di cui riusciamo ad avere il pieno controllo, ed alcuni più "instabili", alcuni che avvengono durante il sonno come un qualsiasi sogno convenzionale, ed altri che ispirandosi alla logica del sognare ad occhi aperti avvengono partendo da svegli.

Io personalmente ho ritenuto (al fine di non ampliare troppo il discorso verso argomenti che potrebbero risultare dei puri vaniloqui) di fare una drastica selezione di questi metodi andando a selezionare esclusivamente le tecniche che ritengo possano effettivamente portare a questo risultato (le tecniche scelte sono infatti soltanto due).

Iniziamo ora affrontando il primo metodo, quello di creare un **"sogno lucido ad occhi aperti"**, vediamo insieme come crearlo…

CREARE UN SOGNO LUCIDO AD OCCHI APERTI

In un certo senso possiamo affermare che per creare un sogno lucido bisogna fare (tramite la parte cosciente della nostra mente) lo stesso lavoro che viene fatto dal nostro inconscio per creare i sogni "convenzionali".

Questo vale anche per la fase preparatoria del sonno stesso, che deve corrispondere per certi versi al graduale processo di addormentamento che avviene nella fase precedente al sonno.

Bisogna dunque cercare di reprimere il maggior numero di stimoli esterni (portando dunque la nostra mente ad uno stato simile a quello che si crea o che viene autoindotto durante una fase meditativa, ovvero, dove la nostra mente non si focalizza più sul mondo esterno ma solo su di essa) raggiungendo così uno stato di pace e tranquillità sensoriale.

Purtroppo però bisogna riconoscere che questo non è sempre possibile, soprattutto quando si vive insieme ad altre persone, come nel caso della convivenza, della vita familiare o anche (riferendoci nello specifico ai luoghi di abitazione e/o aggregazione sociale) quando si vive in condomini, case popolari o in generale nelle città, soprattutto vicino ai punti commerciali o dove si sviluppa spesso la movida.

In questi casi (prendendo in prestito anche un po' dalla logica di azione di Epicuro) bisogna cercare di ottenere questo stato mentale contrastando gli stimoli esterni non controllabili con altri stimoli esterni da te facilmente gestibili.

Bisogna in un certo senso **creare un involucro protettivo** che ci separi dal mondo esterno, come avverrebbe ad esempio nel caso di una stanza di deprivazione sensoriale, così che l'unico mondo percepibile e vivibile divenga quello dentro di noi;

nel linguaggio comune questo spesso viene definito come **"chiudersi in una bolla"**.

Per poter fare questo bisogna prima di ogni cosa eliminare gli stimoli visivi;

ad esempio possiamo **chiudere porte** e **finestre** cosi da non vedere fonti di luce esterne, oppure **spegnere i dispositivi elettronici** come **televisori**, **tablet** o anche se necessario **elettrodomestici** moderni o che comunque emettono luci;

parallelamente a ciò dobbiamo fare lo stesso anche con gli stimoli sonori come già precedentemente citato, chiudere porte e finestre, cosa che aiuta anche a diminuire il volume sonoro esterno da noi percepito, **rimuovere suonerie** o addirittura **togliere orologi, elettrodomestici** o in generale dispositivi che fanno rumori anche lievi ma costanti nel tempo.

Una volta eliminati tutti gli stimoli possibili, passando invece alle fonti di disturbo rimaste e non eliminabili bisogna, se così si può dire, passare al contrattacco **contrastandoli con altri stimoli visivi e sonori** da noi gestibili e dall'effetto rilassante;
potremmo **utilizzare** ad esempio delle **leggere fonti luminose** come avviene in alcune stanze di deprivazione sensoriale, possiamo utilizzare inoltre **immagini** e **video rilassanti come paesaggi naturali**, possiamo in alternativa riprodurre anche **brani** e **musica rilassante**, ad esempio ascoltando strumenti musicali come il **flauto di pan**, i **tamburi**, l'**handpan**, oppure generi musicali come il **Lofi HipHop**, il **blues** o ancora, avvalerci dei **suoni della natura** come il **suono della pioggia**, di un **ruscello**, il **verso degli animali**, la **voce umana** (in particolare la dolce voce di una donna o la voce profonda di un uomo) o per alcuni anche suoni più forti come la **legna che brucia**, o addirittura i **tuoni roboanti** durante una **tempesta di fulmini**.

Un altra interessante (e sottolineo estremamente efficiente nel breve periodo) alternativa potrebbe essere l'utilizzo degli **ASMR**, ovvero "**risposta autonoma del meridiano sensoriale**", che si può definire come "materiale audio-video avente lo scopo di creare una sensazione di profondo rilassamento".

È bene evidenziare che possiamo avvalerci anche dell'effetto dei nostri "**neuroni** a **specchio**", sfruttando a pieno così quei neuroni che hanno la capacità di farci provare sensazioni empatiche e di farci dunque immedesimare negli altri.

Potremmo ad esempio **osservare l'immagine o il video di una persona estremamente rilassata** (o nel caso anche addirittura dormiente), in uno stato di apparente pace e comfort, così da provare anche noi una sensazione di pace e rilassamento (sfruttando i nostri neuroni a specchio).

Dalle precedenti righe risulta chiaro quindi come sia necessario o per lo meno utile raggiungere un buono stato di rilassamento, come avverrebbe (per riprendere il parallelismo citato in precedenza) nel momento in cui una persona si addormenta.

Ovviamente, come nel caso del sonno, un ruolo fondamentale viene ricoperto non solo dal rilassamento mentale e/o emotivo ma anche dal rilassamento fisico, che, mentre durante le varie fasi del sonno avviene in maniera naturale e involontaria, nel nostro caso dovrà essere inevitabilmente autoindotta sul nostro corpo.

Per quel che riguarda il rilassamento corporeo, in collaborazione con la stimolazione audiovisiva, potrà essere **estremamente utile** la **stimolazione tattile**, come ad esempio il contatto con **qualcosa di morbido** e soffice come un **cuscino**, ma anche la **stimolazione di pressione**, come quando si è **strettamente avvolti nelle coperte**; senza dimenticare ovviamente la **stimolazione olfattiva** (il famoso "odore" o "profumo riposante") come nel caso di **erbe, fiori, incensi** o **legni di palo santo**, ed infine la **stimolazione termo-percettiva da caldo**, come la rilassante piacevolezza del calore di un **caminetto** o di una **stufa** nelle fredde notti d'inverno.

Per riassumere questo punto, dovremmo quindi lavorare saggiamente su quel processo che definiremo come "**induzione del rilassamento tramite stimolazione sensoriale**".

Superato questo punto dovremo iniziare a riflettere sulla posizione corporea da assumere durante il sogno lucido, essa avrà infatti un enorme impatto sulla riuscita del nostro viaggio.

Essendo richiesto infatti uno stato di profondo rilassamento muscolare sarà fondamentale optare per una posizione che permetta al corpo di rimanere nella sua posizione senza la necessità di una tensione muscolare, inoltre la posizione dovrà garantire una buona circolazione corporea, dovrà garantire che la respirazione avvenga in maniera tranquilla e se necessario anche profonda e bisognerà garantire al corpo nessun tipo di stress dovuto alla posizione scelta. In generale è fortemente probabile che si opterà per una delle seguenti posizioni:

1)**sdraiato supino con le gambe stese** (poggiando la schiena sulla superficie e con il viso ed il ventre rivolti verso l'alto), come ad esempio avviene sul letto, soprattutto evitando l'uso di cuscini oppure avvalendosi di un cuscino molto basso e morbido così da non causare stress lungo la struttura del collo e delle spalle,

2)**sdraiato supino con le gambe rialzate** (gli onironauti sostengono che la loro circolazione ed in generale lo stato di rilassamento migliori avendo le gambe rialzate).
Il rialzo però non deve essere eccessivo;
se si guarda il letto o la superficie usata come un piano dobbiamo fare attenzione che i punti piede, bacino ed estremità del letto formino unendoli un angolo non superiore a 45 gradi.
Si consiglia (al fine di migliorare ulteriormente il rilassamento) di usare un rialzo morbido come cuscini o coperte raggomitolate su loro stesse,

3)**semi-sdraiato**, detto in altre parole con una posizione transitoria tra seduto e sdraiato (se vogliamo usare un riferimento di tipo geometrico possiamo dire che con il nostro corpo costruiamo un angolo con un inclinazione variabile tra i 100 ed i 170 gradi).
È una posizione tipicamente offerta dalle poltrone, dai divani e dalle sedie reclinabili.

NOTA DELL'AUTORE

È mia particolare premura sottolineare che le posizioni sopra citate non hanno assolutamente alcun tipo di valenza medica, non corrispondono necessariamente al concetto di "posizione corretta", non sono citate in quanto garantiscono un miglioramento della qualità del sonno o della salute e non vanno assolutamente interpretate in tal senso;

sono semplicemente delle posizioni in cui gli onironauti che hanno condiviso a me la loro esperienza diretta sostengono siano utili per raggiungere lo stato ideale per la creazione di sogni lucidi.

Se queste posizioni per qualche motivo corrispondono ad un qualcosa che dal punto di vista della salute possono effettivamente creare un vantaggio per il benessere del proprio corpo, ciò va considerato semplicemente come una piacevole coincidenza.

Una volta aver creato un luogo adatto al raggiungimento del giusto stato psico-fisico bisogna iniziare a lavorare sulla nostra mente così da prepararla alla creazione del sogno ed al percorso del nostro viaggio.

Sfruttando infatti il guscio protettivo che l'ambiente creato ci garantisce dobbiamo addentrarci sempre più nel microcosmo che risiede dentro di noi, addentrandoci sempre più nella nostra mente e distogliendoci dunque da tutto ciò che ci circonda fino al punto di arrivare ad ignorarlo completamente (a volte si arriva addirittura ad ignorare lo stesso concetto di mondo fisico, come avverrebbe ad esempio in un viaggio astrale).

In merito a questo aspetto, bisogna sottolineare che gli onironauti spesso eseguono degli esercizi che sembrano corrispondere o comunque assomigliare in maniera estremamente simile alle tecniche usate per meditare o per avventurarsi nei viaggi astrali. Come avrete sicuramente notato esistono davvero molti collegamenti o punti in comune tra queste pratiche, al punto da ipotizzare che esse siano in realtà più sfumature di un unico qualcosa di indefinito o forse addirittura indefinibile, o semplicemente, un qualcosa di non ancora ben delineato e che andrebbe dunque ancora approfondito.

In alternativa si potrebbe supporre invece che esse siano attività da considerare di per se assolutamente separate tra di loro ma che si raggiungano tramite le stesse pratiche e gli stessi parametri di base, dunque, anche in questo caso, queste somiglianze si dovrebbero considerare solamente come semplici coincidenze (io personalmente devo ammettere, in opposizione a questa ipotesi, di essere un sostenitore del pensiero secondo il quale "quando in una situazione si verificano troppe coincidenze, significa che forse le suddette coincidenze tanto coincidenze non sono").

Ritornando al tema del preparare la nostra mente per poter creare il sogno lucido tramite degli esercizi vi esporrò dunque le azioni che gli onironauti consigliano di fare:

1)CHIUDERE GLI OCCHI:

sembra banale ma è comunque un passo quasi fondamentale per isolarsi dal mondo esterno e concentrarsi più sulla nostra mente (alcuni in alternativa scelgono di procedere con gli occhi aperti ma questo potrebbe complicare nettamente la buona riuscita della nostra attività),

2)ADDORMENTARE IL NOSTRO CORPO:

come detto in precedenza il corpo (intendiamo i muscoli volontari del nostro corpo) dovrebbe raggiungere lo stesso stato di calma e di quiete che si ottiene durante il sonno.

Per ottenere questo risultato dobbiamo focalizzarci sulle varie parti del nostro corpo, citandole e rilassandole uno per uno ma senza entrare troppo nei dettagli;
ad esempio parlando di collo, braccia, gambe, piedi e mani, ma senza specificare i nomi dei muscoli, delle ossa o di altre strutture complesse, ricordandoci sempre che il nostro obiettivo è quello di rilassare il nostro corpo e non di superare un esame di anatomia umana!
Ripetendo nella nostra testa che quella citata parte di noi si è addormentata ed è immobile, oppure ordinando a quella parte di non muoversi e di addormentarsi,

3)IMMAGINARSI COME LUCE O ENERGIA:

questo è uno dei grandi punti in comune con il viaggio astrale ma per quanto estremamente utile è bene evidenziare che non è fondamentale per la creazione del sogno lucido.
La persona inizia a ripetere a se stessa che non ha più un corpo fisico ma che si è trasformata in energia o luce e che dunque, in quanto tale, adesso ha il pieno potere di viaggiare, trasformare o creare la realtà.
Da qui in poi (sperando che non si sia addormentato letteralmente) l'onironauta potrà procedere con la creazione effettiva del suo sogno.
Bisognerà svilupparlo in maniera graduale, senza fretta di correre come se avessimo un obiettivo da raggiungere o un qualcosa da completare (se dovessimo fare un esempio di tipo sportivo, potremmo dire che creare un sogno lucido è molto più simile ad una maratona che ad una corsa a scatti).
Vediamo insieme come svilupparlo passo per passo:

4)CREIAMO UNA LOCATION PER IL NOSTRO SOGNO:

dobbiamo stabilire il luogo dove avverrà il sogno o comunque dove avrà luogo la sua prima parte. Non ci sono limiti a come deve essere la location del nostro sogno, potrebbe anche essere un luogo immaginario o metafisico. Non importa dunque il tipo di luogo o le dimensioni degli spazi, potrebbe essere uno spazio aperto

e vasto come una distesa erbosa oppure qualcosa di chiuso e piccolo come una stanza o un monolocale.

In generale si predilige un luogo calmo e dai toni abbastanza statici (un antica caverna, una zona di campagna, una foresta con un ruscello o una spiaggia caraibica) ma potreste optare (se è ovviamente il genere di luogo che volete vivere) anche per scenari più dinamici (un avventura in terre inesplorate, un viaggio per mare o una sfida della vostra vita) o magari anche scenari drammatici che creano in voi una vera e propria sensazione di pericolo

(un campo di battaglia, un disastro naturale, una nave in balia di una tempesta o la prima volta che incontrate il vostro futuro suocero),

5)DETERMINIAMO DEGLI OGGETTI CHIAVE:

una volta stabilita l'ambientazione dovremo collocarvi degli oggetti.

Tra questi vi sono alcuni oggetti che non si limiteranno ad un ruolo puramente decorativo ma che useremo nel corso del nostro sogno (come ad esempio dei remi se siamo su di una scialuppa, una fontana se siamo in campagna, una spada se siamo in un campo di battaglia, ecc.).

La scelta dei nostri oggetti chiave varierà inevitabilmente in funzione non solo dell'ambiente ma soprattutto dello sviluppo della stessa trama narrativa (un oggetto che all'inizio del sogno potrebbe avere un ruolo chiave potrebbe poi, con l'andare avanti del sogno, perdere il suo ruolo retrocedendo ad un ruolo puramente decorativo o venendo escluso completamente dal resto del sogno),

6)POSIZIONIAMO DEI SOGGETTI NELL'AMBIENTE:
una volta collocati gli oggetti chiave possiamo (se il sogno che si sta creando lo prevede) procedere con l'introduzione nel sogno anche di soggetti animati.

Tali soggetti possono essere sia persone umane che animali, ma anche soggetti non tipici della nostra quotidianità (come persone non umane, creature mostruose, mitiche, leggendarie o anche esseri spirituali).

Ovviamente bisogna ricordare che saremo in realtà noi a ricostruire le loro personalità e a scegliere le decisioni che prenderanno durante il sogno di conseguenza (nel caso delle persone che esistono anche nella nostra vita quotidiana) dobbiamo sempre tenere conto che non si tratta di persone reali e che i comportamenti che hanno le persone nel sogno non corrispondono al loro vero comportamento ma all'idea che noi abbiamo del loro comportamento.

Come con gli oggetti, anche nel caso dei personaggi vi sono alcuni soggetti che ricopriranno il ruolo di comparse, altri di soggetti principali o nel caso addirittura di coprotagonisti, ed anche in questo caso i ruoli potranno cambiare a seconda dello sviluppo della trama narrativa,

7)CREARE UNA TRAMA NARRATIVA:

dopo aver preparato l'ambientazione e collocato adeguatamente gli oggetti ed i personaggi bisognerà sviluppare una trama narrativa che stabilisca come si svilupperà il sogno (come si comporteranno i personaggi, come si relazioneranno con gli oggetti, come reagiranno gli oggetti alle interazioni con i personaggi, ecc.); questa sarà dunque la nostra storia.

La trama narrativa non ha limiti; può svilupparsi in qualunque modo voluto, qualunque modo possibile ed in questo caso anche oltre; ricordiamoci che nel mondo dei sogni anche l'impossibile è possibile (per citare la pubblicità di un vecchio prodotto commerciale:
"L'unico limite è la tua immaginazione!"),

8)CONTINUARE A SVILUPPARE IL SOGNO MODIFICANDO AMBIENTI, OGGETTI, PERSONAGGI E TRAMA:

ovviamente un sogno lucido potrebbe di per se avere una trama estremamente statica, ma bisogna evidenziare che questo renderebbe la durata del sogno considerevolmente breve, inoltre per certi versi si potrebbe anche affermare che un sogno lucido la cui trama è estremamente statica potrebbe non essere più neanche considerato un vero e proprio sogno lucido ma bensì una sorta di "visione autoindotta".

Viceversa (al fine di avere un esperienza onirica più variegata e gratificante) è un'ottima opzione quella di continuare a sviluppare la trama del nostro sogno esplorando la location, relazionandoci con gli oggetti ed i personaggi del nostro sogno fino a raggiungere i limiti raggiungibili o comunque da noi prefissati, così da spronarci a creare un esperienza onirica complessa ma soprattutto soddisfacente.

Passiamo ora al secondo metodo scelto per ottenere un sogno lucido ad occhi aperti, metodo che prende il nome di "**condizionamento**

mnemonico autoindotto", vediamo insieme in cosa consiste e come applicarlo:

CONDIZIONAMENTO MNEMONICO AUTOINDOTTO

Questa tecnica consiste in un lavoro preparatorio di condizionamento mentale;
in questo caso il sogno non trae più origine dalle nostre facoltà coscienti ma ritorna alla consueta tradizione dei sogni inconsci.
A motivo di questa condizione l'onironauta questa volta non creerà il sogno come nel caso precedente ma dovrà portare il proprio inconscio in uno stato favorevole alla creazione del sogno lucido.
Vediamo insieme come farlo:
dal momento in cui ci svegliamo e durante tutto il resto della giornata dobbiamo ripetere a noi stessi molto spesso una formula del tipo "stanotte avrò un sogno lucido!", così da portare il nostro inconscio ad assorbire questo elemento, una volta arrivati al momento del sonno, dovremo ripetere una formula simile a "ora sto per fare un sogno lucido" oppure "ora viaggerò nel mondo dei sogni" e continuare a farlo fino ad addormentarsi del tutto.
Questa tecnica solitamente non funziona nell'immediato ma richiede tempo, costanza ed allenamento.
Un esercizio che si potrebbe fare per catalizzare lo sviluppo delle nostre capacità di autoinduzione del sogno lucido è quello di preparare una sveglia che suoni ogni 10 o 15 minuti per diverse volte così da poter provare ad avere un sogno lucido per poi riprovare e riprovare fino al raggiungimento di questo obiettivo.
Ovviamente in questo caso l'obiettivo fondamentale non è quello di vivere completamente un sogno lucido ma bensì di iniziare ad avere

i primi sogni lucidi autoindotti, senza che essi necessariamente raggiungano un compimento per noi esaustivo.

Inoltre secondo i gamers (coloro che dedicano tempo e cuore al mondo dei videogiochi), dedicare svariate ore ogni giorno a giocare ai videogiochi (cosa che personalmente da gamer moderato vi sconsiglio caldamente per via delle ripercussioni negative sulla vostra vita e sulla vostra salute) nel lungo periodo dovrebbe migliorare considerevolmente la capacità di vivere sogni lucidi in maniera spontanea (cosa che però anche se venisse effettivamente dimostrata rimarrebbe comunque fortemente discutibile).

Rimanendo in un tono generico ed assolutamente non accusatorio è assolutamente importante evidenziare che "alcuni" (non cito la fonte per non sollevare questioni non necessarie) sostengono che agire liberamente nei sogni lucidi sia una pessima idea e che sia dunque doveroso porsi dei limiti, tenendo conto del fatto che esistono delle cose che a priori non si devono fare.

COSE DA NON FARE NEI SOGNI

Qui di seguito voglio elencarvi tutte quelle cose come immagini, comportamenti, azioni specifiche, che (parliamo dunque di opinioni personali, che possono essere condivisibili o meno) non è bene fare nei sogni lucidi:

NOTA DELL'AUTORE

Da questo punto in poi è necessario introdurre un nuovo concetto fondamentale per la seguente trattazione, ovvero il **GRADIENTE EMOTIVO**.
Provando a darne una definizione possiamo dire che:
"il gradiente emotivo costituisce la quantità di emotività o il grado di coinvolgimento emotivo presente in un determinato contesto o in una determinata situazione, in funzione del rapporto tra il soggetto della vicenda ed il contesto che sta vivendo in quel determinato momento".
Va inoltre precisato che il gradiente emotivo è anche conosciuto come **VOLUME EMOTIVO**.

1)EVITARE EMOZIONI FORTI;

questo va inteso sia come emozioni positive (ad esempio vedere una persona per la quale si prova un intenso sentimento affettivo) che come emozioni negative (rivivere un evento traumatico).

Si ipotizza che, a parità di stimolo sensoriale, l'impatto emotivo nei sogni lucidi sia decisamente superiore a quello che potrebbe verificarsi nel mondo reale, causando così un aumento particolarmente intenso del nostro battito cardiaco ed in generale una tensione davvero pericolosa per la nostra salute psico-fisica,

2)GUARDARE IL PROPRIO RIFLESSO NELLO SPECCHIO;

nel mondo dei sogni (come anche nella realtà) lo specchio viene percepito come il riflesso di noi stessi, ma, a differenza del mondo reale dove lo specchio riflette la nostra persona fisica, nel mondo dei sogni lo specchio riflette invece la persona interiore.

Questo significa che l'immagine che noi potremmo vedere riflessa nello specchio potrebbe non corrispondere al nostro reale aspetto fisico ma bensì alla personificazione fisica dell'idea che il nostro inconscio ha di noi stessi.

Inoltre (ricordandoci che la mente umana è estremamente variegata, ricca di sfumature e che all'interno di essa non vi risiede un'unica personalità ma bensì una personalità principale insieme ad un numero consistente ma non definito di personalità che si frappongono le une alle altre) bisogna ricordare che il nostro riflesso potrebbe non essere l'interpretazione inconscia della nostra individualità completa ma anche semplicemente una sola delle personalità che ci appartengono, oppure ancora potrebbe essere soltanto un aspetto marginale della nostra persona che il nostro inconscio, intrufolandosi nel nostro sogno potrebbe mostrarci, di conseguenza, comprendiamo che tale immagine potrebbe effettivamente essere inquietante e turbarci emotivamente in modo rilevante,

3)**PENSARE AL NOSTRO CORPO FISICO NEL MONDO REALE E A DOVE O CON CHI ESSO SI TROVI DAVVERO IN QUESTO MOMENTO;**

fermarsi a riflettere sul fatto che non siamo coscienti del nostro corpo fisico, che esso potrebbe trovarsi in qualche situazione di pericolo e che quello che stiamo usando adesso non sia il nostro vero corpo potrebbe causare un grave stato di panico, confusione, e portarci a terminare il sogno lucido prima del tempo,

4)PENSARE ALLE TUE FOBIE E ALLE TUE PAURE;

rifacendosi alla cultura letteraria del genere Horror, l'onironauta potrebbe scegliere di costruire il suo sogno aggiungendovi quegli elementi che nella vita di tutti giorni ci terrorizzano, ma anche in generale le nostre paure più ancestrali e le nostre fobie più assurde, questo al fine (come nel genere Horror) di rafforzare il nostro carattere aiutandoci a vincere le nostre paure,

affrontandole in un contesto (il mondo dei sogni) dove queste nostre paure non essendo in questo caso reali, non sono in grado di crearci danno o ferirci (possiamo definirlo in un certo senso una sorta di auto-terapia d'urto).

In questo caso la pericolosità di questo gesto è dovuta alla non calibrata consapevolezza dei nostri limiti emotivi;

Non dimentichiamo infatti che le nostre paure e soprattutto le nostre fobie non hanno mai origine nella ragione (anche se, nel caso ipotizzato, una paura nascesse dopo una riflessione o un analisi critica ricordiamo comunque

che questi ragionamenti costituirebbero parte della fase preparatoria che ha portato alla nascita della paura ma non costituirebbero il fattore scatenante della paura stessa) o in generale nella coscienza ma vengono bensì prodotte nella parte inconscia della nostra mente (sono indivisibilmente legati alla nostra emotività, ai nostri istinti innati e acquisiti, ecc.) che, come abbiamo detto in precedenza non è adeguatamente conosciuta da noi; questo significa che noi potremmo non essere realmente coscienti delle nostre paure, conoscendole solo in maniera superficiale, a differenza del nostro inconscio che invece le comprende pienamente ed (avendo in vari sogni lucidi la possibilità di manifestarle e rappresentarle al meglio) potrebbe mostrarci un qualcosa per il quale potremmo non essere preparati, andando così a ferirci e trasformare la nostra esperienza onirica in un vero e proprio incubo,

5)GUARDARE LE PROPRIE MANI O IL PROPRIO CORPO;

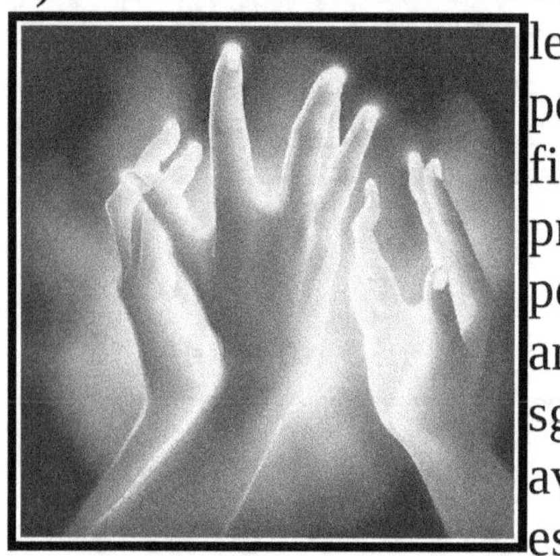

le nostre capacità sensoriali ci fanno dare per scontato il fatto di avere un corpo fisico e questo stesso pensiero potrebbe presentarsi anche nei sogni, dove potremmo (guardandoci ad uno specchio o anche semplicemente abbassando lo sguardo) renderci conto invece di non averne uno, essendo dunque una sorta di essere immateriale, oppure vedere un corpo non nostro, strano, ad esempio guardarsi le mani e vedere che sono deformi o dalle dita estremamente lunghe;
anche questo potrebbe causare un notevole spavento e contribuire al turbamento emotivo,

6)INTRODURRE NEL SOGNO COSE, LUOGHI E PERSONE DEL MONDO REALE;

dobbiamo ricordare infatti che tutti gli elementi ed i soggetti presenti nel sogno nonostante possano sembrare estremamente realistici non lo sono e dunque non corrispondono ai loro rispettivi del mondo reale.
Questo potrebbe così essere davvero dannoso per il nostro equilibrio e benessere psico-emotivo.
La pericolosità di queste situazioni consiste nella possibile incapacità dell'individuo di riuscire a distinguere il sogno dalla realtà, cosa che potrebbe facilmente avvenire a motivo del nostro

coinvolgimento emotivo (ricordiamoci quindi di prendere tutte le precauzioni necessarie o comunque possibili per poter gestire al meglio il proprio gradiente emotivo); l'onironauta infatti potrebbe relazionarsi con una persona del mondo reale attraverso particolari esperienze e la suddetta persona potrebbe in cambio rispondere agendo in modi particolari, inaspettati o comunque diversi dal solito, mostrando anche un emotività e dei sentimenti che nel mondo reale non mostrerebbe.

Questo potrebbe portare l'onironauta a pensare che quelle mostrate dalla persona nel sogno corrispondano alle sue emozioni reali, portando così l'onironuta ad assumere nella realtà atteggiamenti di risposta ed a creare situazioni imbarazzanti o problematiche che gli causerebbero indubbiamente danno e malessere.

Per fare due esempi pratici:

immaginate un'onironauta che nella sua vita quotidiana prova un forte sentimento per la donna amata, egli la sogna (come è normale che sia), e durante un sogno lucido lei mostra di ricambiare il sentimento;

una volta svegliatosi decide di andare da lei e (consapevole che anche lei è innamorata di lui) mostrarle il suo affetto in modo cinestetico (ad esempio dandole un bacio o comunque con altre forme di contatto fisico) causando una repentina e brusca reazione di lei, la quale si sentirà ovviamente assaltata, molestata o comunque probabilmente infastidita;

possiamo dunque immaginare come per il nostro soggetto (estremamente coinvolto a livello emotivo) questa situazione possa distruggerlo emotivamente.

Passando ora al secondo esempio, immaginiamo un'onironauta (ovviamente un altro onironauta...quello di prima sta già abbastanza male per la delusione d'amore) che durante un sogno lucido interagisce con un suo caro amico e che lui (l'amico dell'onironauta) si comporta in maniera a dir poco disdicevole, oppure scopre che si è già comportato in maniera riprovevole mostrando dunque di non essere un vero amico, ed immaginiamo ora che l'onironauta, una volta sveglio, decida (alla luce di queste nuove rivelazioni) di chiudere i rapporti con il proprio amico o addirittura di litigarci sulla base di argomentazioni infondate rovinando così il loro rapporto.

Sicuramente (essendo pienamente coscienti del gran valore che possiede l'amicizia nella vita sociale di ognuno di noi) ci rendiamo conto di quanto (secondo chi sostiene questo punto) possa essere dannosa una simile condotta!

Da questo ci colleghiamo poi al prossimo punto, che è inevitabilmente consequenziale...

NOTA DELL'AUTORE

Non dobbiamo mai dimenticare infatti che le persone presenti nei nostri sogni lucidi (o anche nei sogni tradizionali) sono proiezioni della nostra mente e di conseguenza non corrispondono alle suddette persone nel mondo reale ma sono bensì dei soggetti che nel sogno sono costruiti sulla base dell'idea che noi abbiamo di loro oppure (se prodotti dall'inconscio) potrebbero essere delle figure simboliche, che il nostro inconscio sta utilizzando in quel momento per rappresentare qualcos'altro.

---

7)CONFONDERE I SOGNI CON IL MONDO REALE;
ricollegandoci al punto precedente vediamo che, nonostante la cultura ci proponga sempre l'idea che i sogni si possano avverare (e questo è assolutamente lecito da pensare), dobbiamo però tenere sempre a mente come possa essere estremamente pericoloso confondere il mondo dei sogni con il mondo reale.

In merito a questo vorrei condividere con voi una frase che dissi svariato tempo fa ad una ragazza;

"Ricorda sempre, che dei mille proiettili che nulla possono farti nel mondo dei sogni, ne basta uno nel mondo reale
 perché il gioco finisca".
Questa frase riassume molto bene il concetto;
il mondo dei sogni non segue la logica del mondo reale, lì infatti, ciò che sarebbe impossibile è invece normale quotidianità, dunque qualunque cosa si faccia nei sogni va interpretata in una chiave di lettura non letterale,

8)NON ANNOIARSI;

in questo caso il pericolo costituisce nel fatto che se il sogno fosse troppo noioso, l'esperienza onirica potrebbe interrompersi per mancanza di stimoli.
È importante perciò che il sogno sia sempre ricco di stimoli, pur tenendo sempre traccia del gradiente emotivo,

9)NON SVILUPPARE IL SOGNO TROPPO VELOCEMENTE;

anche il tempo che dedichiamo allo sviluppo del nostro sogno potrebbe avere un enorme influenza sulla sua qualità;
il sogno lucido deve essere sviluppato in maniera costante ma a velocità moderata, poiché, se venisse sviluppato in maniera troppo frettolosa mancherebbe inevitabilmente di dettagli spesso importanti, privando l'esperienza onirica di quegli aspetti che ne avrebbero determinato la qualità (andando a volte anche ad alzare il livello del nostro gradiente emotivo), ed andando in alcuni casi a destabilizzare la struttura stessa del sogno causandone la fine e portando così ad un brutto risveglio,

10)NON CERCARE DI AVERE SEMPRE IL CONTROLLO;

questo aspetto sembra davvero in contrasto con la logica dei sogni lucidi eppure, secondo questo punto, non è bene cercare di avere il pieno controllo dei sogni stessi poiché questo non è sempre possibile; ricordiamo infatti che spesso parte dei sogni lucidi viene costruita dal nostro inconscio e di conseguenza non può essere da noi manovrata se non in maniera superficiale, andando così a creare un senso di frustrazione e di conseguenza ad aumentare il proprio gradiente emotivo, inoltre, dedicare troppo tempo nel tentativo di controllare il sogno potrebbe rallentarne lo sviluppo e rovinare così l'esperienza onirica,

11)RICORDATI DI NON CHIUDERE MAI GLI OCCHI;

gli occhi sono (per comune percezione) un canale che connette la parte esteriore di noi con quella interiore, ed in questo caso specifico, possiede la capacità di connettere anche il mondo reale con quello dei sogni.
Questa credenza ha origine probabilmente (oltre che dalla personale esperienza onirica) dal fatto che per raggiungere il mondo dei sogni bisogna prima di tutto entrare in una fase di sonno profondo e perché ciò avvenga è

necessario prima di tutto chiudere gli occhi (a meno ovviamente di chi, come nel caso dei lagoftalmi, è in grado di dormire con gli occhi semiaperti o forse addirittura aperti).

Da qui probabilmente nasce l'idea che chiudere gli occhi sia come una sorta di "portale tra due mondi" e che quindi, come chiudere gli occhi nel mondo reale possa trasportarti nel mondo dei sogni, allo stesso modo, chiudere gli occhi nel mondo dei sogni può riportarti nel mondo reale.

Si consiglia dunque di chiudere gli occhi durante un sogno lucido solo al fine di terminare la propria esperienza onirica,

NOTA DELL'AUTORE

Chiudere gli occhi nei sogni lucidi potrebbe anche avere un utilità difensiva al fine di proteggere la propria salute emotiva.

Se per esempio lo sviluppo del nostro sogno portasse alla trasformazione del suddetto sogno in un incubo, causando quindi un rapido aumento del nostro gradiente emotivo, potremmo usare questa tecnica al fine di interrompere volontariamente il sogno ed evitare così che l'incubo diventi un **TERRORE NOTTURNO.**

12)CONTINUARE IL SOGNO, QUANDO SI È TRASFORMATO IN UN INCUBO;

collegandoci al punto precedentemente trattato vediamo che ci sono alcuni momenti in cui bisogna dire basta!

Si ritiene infatti che non si dovrebbe mai vivere un incubo lucido poiché, nel contesto dei sogni lucidi, l'impatto emotivo che l'incubo potrebbe avere su di noi sarebbe estremamente elevato, al punto tale da causarci un vero e proprio trauma,

13)NON PORTI LIMITI;

ciò che di più colpisce l'uomo è il fatto che nel mondo dei sogni, ciò che è impossibile diventa "normale amministrazione". All'interno dei sogni ti è possibile fare ogni cosa, in un certo senso possiamo dire che sognare è la più grande forma di libertà! Parlando per esperienza personale, in fanciullezza sentii una frase che mi colpì davvero molto (a tal punto che è stato proprio in quel momento che decisi di dedicare parte della mia ricerca al mondo dei sogni).

L'uomo della questione, davanti alla presa di coscienza di come sarebbero potute andare diversamente le cose disse malinconicamente:

"Be', meno male che almeno l'uomo può sognare!",

questa frase racchiude pienamente tutto ciò che i sogni possono fare, ovvero tutto ciò che nel mondo reale sarebbe impossibile, per questo, al fine di stare bene con noi stessi non dobbiamo mai porci limiti ai sogni, mai limitare ciò che nasce per essere illimitato,

NOTA DELL'AUTORE

Come avrete sicuramente notato, questo è quasi l'unico punto della lista che condivido pienamente (punto per altro, che suona in antitesi con molti altri della lista).

In questo caso possiamo racchiudere il concetto nella frase:

"L'unico limite in tale mondo è la tua immaginazione!"

14)NON PASSARE TROPPO TEMPO NEL MONDO DEI SOGNI;

per quanto il mondo dei sogni sia indubbiamente un mondo meraviglioso e che permette esperienze ricche di un elevato valore emotivo, bisogna (in pura onestà) riconoscere l'importanza di mantenere sempre un punto di vista equilibrato, non focalizzandosi su questo aspetto della nostra vita al punto da avere un ruolo superiore a quello del mondo reale (consiglio vivamente di essere sempre  moderati in ogni aspetto della vostra vita e mai estremisti). Dobbiamo di conseguenza considerare il mondo dei sogni come una pausa dal mondo reale, avente indubbiamente un ruolo importantissimo nella nostra vita ma in funzione del mondo reale e non (o meglio dire mai) come sostitutivo di esso,

15)NON UCCIDERE PERSONE;

personalmente devo ammettere che nelle mie ricerche non ho mai trovato un argomentazione concreta in funzione di questo punto; le argomentazioni riguardano più che altro il concetto comune (per non dire scontato) del "e no dai queste cose non si fanno neanche per scherzo!" oppure "uccidere nel mondo dei sogni è come uccidere nel mondo reale perché anche se non è reale, con il cuore sei sempre 

un assassino!", di conseguenza ritengo questo punto più un derivato del "buon costume" popolare che non il derivato di una reale pericolosità da parte di tale atto, come ad esempio il fatto che sognando di uccidere potreste essere così soddisfatti da tale gesto nel sogno da divenire desiderosi di farlo anche nella vita reale (per fare un parallelismo, sarebbe un po' come dire che solo perché una persona gioca a videogiochi del genere "Spara-tutto" quella persona desidererà usare le armi o sparare a qualcosa o qualcuno, cosa che anche solo a livello ipotetico è estremamente improbabile a meno di persone con particolari disturbi della mente o comunque facilmente influenzabili),

16)NON INIZIARE UN SOGNO LUCIDO SENZA AVERLO PRIMA PIANIFICATO;

secondo questo punto risulta infatti che sviluppare un sogno lucido senza avere già in mente una trama narrativa potrebbe portare il sogno ad evolversi in qualcosa di fortemente destabilizzante, oppure, non avendo una chiara idea del nostro sogno, potremmo non riuscire a gestirlo adeguatamente causandone la fine repentina oppure potremmo permettere al nostro inconscio di appropriarsene trasformando il nostro sogno lucido in un sogno "convenzionale",

17)**NON COMPIERE AZIONI DELLA VITA QUOTIDIANA;**

ricollegandoci al punto secondo il quale è bene creare un distacco tra il mondo dei sogni e la vita quotidiana, bisogna evitare di ripetere nei sogni le nostre attività quotidiane poiché il risultato che si ottiene nei sogni non necessariamente corrisponde alla realtà e, lasciandoci influenzare dalla nostra esperienza onirica, potremmo commettere azioni erronee o pretendere dalle nostre  abitudini risultati che poi non si avvererebbero.
Potremmo addirittura arrivare a compiere azioni rischiose per noi stessi ed altri come investimenti poco sicuri oppure azioni avventate o pregiudizievoli che potrebbero danneggiare la nostra salute fisica come non seguire le abitudinarie regole sulla sicurezza sul posto di lavoro, ecc,

18)**NON FARSI INTRAPPOLARE DA UN SOGNO LUCIDO;**

devo ammettere che anche questo punto non risulta molto chiaro e personalmente ritengo che, più che basarsi su una vera e propria esperienza diretta questo punto si basi su credenze mistiche o di natura comunque sovrannaturale. Questo punto infatti pretende di affermare che esiste la possibilità di rimanere intrappolato all'interno di un sogno lucido o in  generale nel mondo dei sogni.

Riprendendo la logica del viaggio sciamanico o più in generale delle antiche credenze animiste precedentemente trattate potremmo esporre che:

essendo in realtà il sogno un esperienza extra-corporea dove il nostro spirito abbandona momentaneamente il corpo per viaggiare all'interno del cosmo o addentrarsi nel mondo degli spiriti, potrebbe succedere che il nostro spirito non riesca più a tornare indietro nel nostro corpo rimanendo così intrappolato nel mondo spirituale che noi erroneamente definiamo il mondo dei sogni.

Passando però ad una visione più filosofica, razionale e scientifica, dobbiamo necessariamente mostrare scetticismo verso questa ipotesi, sostenendo invece che la possibilità di rimanere incastrati in un sogno sia comunque poco probabile.

Esiste però un interpretazione alternativa:

si afferma infatti che durante uno stato di coma il cervello (se non danneggiato in maniera grave) sia ancora in grado di sognare e quindi, durante il coma una persona possa vivere (ipoteticamente) un enorme quantità di sogni, per altro spesso appartenenti alla tipologia di sogni precedentemente esposta come "**SERIE DI SOGNI**", andando così a creare un'enorme, lunga e complessa trama narrativa (quasi come se il cervello non potendo più avere una vita nel mondo reale, decidesse di crearsene una nel mondo dei sogni); sulla base di questo punto, l'industria dell'intrattenimento ha proposto a volte l'idea che la persona in coma non riesca più a "svegliarsi" non tanto a motivo della sua situazione clinica ma perché rimasto intrappolato nei suoi stessi sogni e dunque, partendo dalla logica discutibile di film e serie televisive non scientificamente accurati, alcuni potrebbero aver accolto questa ipotesi considerandola reale (magari pensando qualcosa del tipo: "Se non era reale non ci facevano un film!") e diffondendola come una possibilità concreta nonostante la sua chiara discutibilità di fondo,

19)**NON GIRARE SU VOI STESSI;**
si sostiene infatti che
girare su noi stessi
crei un grave stato di
ansia e di paura;
fa parte dunque di
quei comportamenti
che elevano il nostro
volume emotivo
rendendo (secondo
questa ipotesi)
l'esperienza onirica
dannosa e seriamente
discutibile (o in
alternativa si sostiene
che girando su se
stessi le immagini del
sogno si deformino
portando al collasso del sogno stesso),

20)**NON CERCARE DI SPOSTARE OGGETTI CON LA
MENTE;**
questo è l'ultimo punto della nostra lista e si riferisce ai limiti che
posseggono gli onironauti nelle fasi iniziali del loro viaggio;
è possibile che anche in fasi più avanzate del nostro percorso si
possano comunque avere delle serie difficoltà.

Dopo aver presentato questo breve, forse un po' discutibile, ma
necessario elenco sulle presunte limitazioni onironautiche,
concludiamo la sessione inerente i sogni lucidi consigliando a tutti
di provare almeno per un periodo della propria vita a vivere questo
tipo di esperienza senza (a parer mio) limitazioni e beneficiando del
piacevole intrattenimento che i sogni lucidi possono donarci.

Proseguiamo ora il nostro viaggio tornando alla lista che ci eravamo lasciati alle spalle e continuando ad esporre le varie tipologie di sogni nelle quali potremmo imbatterci...

SOGNI PRECOGNITORI

Tali tipi di sogni a seconda della chiave di lettura di stampo scientifico, filosofico, spirituale, religioso e mistico vengono anche definiti **SOGNI PROFETICI** o **SOGNI PREMONITORI**; dai nomi attribuitigli si comprende che si tratta di sogni che dovrebbero permettere di prevedere generici eventi futuri ma in particolare si focalizzano sul futuro del sognatore o su quello delle persone a lui vicine.

Per quanto il messaggio possa avere potenzialmente qualsiasi natura, in generale questi sogni hanno una valenza negativa, identificandosi come messaggi di sventura o di avvertimento.

Nello specifico vediamo come questo tipo di sogni si focalizzino in maggior misura nel prevedere la propria morte.

Uno dei più grandi e conosciuti esempi a noi disponibili riguarda la congiura nei confronti del senatore romano (anche se il termine più usato è in realtà "dittatore perpetuo" o "a vita") Gaio Giulio Cesare, avvenuto il 15 marzo del 44 avanti Cristo ad opera di svariati senatori.

Secondo infatti la versione donataci dal biografo e storico Gaio Svetonio Tranquillo (vissuto approssimativamente tra il 70 ed il 160 dopo Cristo) Gaio

Giulio Cesare venne avvertito della sua imminente congiura da alcuni atti definiti veri e propri "prodigi".

Svetonio ci narra infatti che durante la notte che precedette la suddetta congiura Giulio Cesare ebbe un sogno premonitore.

Nel sogno Giulio Cesare aveva perso (a quanto sembra) la sua natura terrena o comunque le sue caratteristiche da uomo fisico, ed aveva iniziato ad elevarsi da terra iniziando a volare fino al di sopra delle stesse nuvole, arrivando addirittura a

raggiungere i luoghi dove risiedono gli dei, più precisamente arrivando a stringere la mano dello stesso dio Giove (re degli dei dell'Olimpo e protettore di Roma).

Sempre secondo Svetonio (in armonia con quanto afferma l'archeologia), dopo la sua morte, Gaio Giulio Cesare venne deificato al pari di qualsiasi altra divinità e la prova della sua natura divina venne confermata dai segni celesti che avvennero durante i giochi romani del suo erede Gaio Giulio Cesare Ottaviano Augusto (comunemente conosciuto come semplicemente Augusto, fondatore dell'impero romano, nonché ovviamente primo imperatore di Roma).

Secondo Svetonio i "segni celesti" consistevano nell'avvistamento di un luce ultraterrena (si parla nella fattispecie di una cometa) che brillò in cielo per un intera settimana consecutiva, fenomeno che non doveva essere

interpretato in una chiave di lettura puramente astronomica poiché non si trattava di un vero e proprio corpo celeste ma bensì dell'anima del cotanto rimpianto Giulio Cesare che stava ascendendo al cielo per raggiungere il suo legittimo posto tra gli dei.

Confrontando al fine l'appena citata interpretazione astronomica con la natura del sogno premonitore, comprendiamo che l'esatta interpretazione (secondo questa visione) del sogno cesariano era che Gaio Giulio Cesare quello stesso giorno avrebbe cessato di esistere (almeno per quel che riguarda la sua vita terrena).

Svetonio continua la sua narrazione affermando che parallelamente quella stessa notte anche la moglie di Giulio Cesare, Calpurnia, ebbe un sogno dall'esito analogo;

nel suo sogno Calpurnia si trovava con suo marito Cesare all'interno delle mura domestiche quando, improvvisamente, la parte superiore della loro casa crollò su di loro causando la morte di Cesare tra le braccia di sua moglie.

Oltre a questo eclatante caso ve ne sono ovviamente una grande quantità, di cui una parte è stata già ampiamente esposta nella parte precedente del nostro viaggio riguardante l'oniromanzia nei tempi antichi.

Vediamo dunque che questo tipo di sogni era estremamente diffuso nei tempi antichi ed aveva anche un importantissimo valore per quegli uomini che tanto tempo e spazio dedicavano alla ricerca di presagi del proprio fato.

Ma come si spiega una così incredibile capacità da parte dei sogni di predire il futuro?

Vediamo insieme le possibili interpretazioni:

POSSIBILI INTERPRETAZIONI DEL FENOMENO PRECOGNITIVO DEI SOGNI

1)FRUTTO DEL CASO;

in questa interpretazione viene messo in dubbio l'esistenza stessa di uno scopo ultimo riguardante i sogni in senso più generale.

Da questo punto di vista i sogni sono considerati dunque niente più che una semplice ricombinazione casuale di immagini, di conseguenza proviamo ora a fare insieme questo calcolo motivato dal seguente ragionamento...

NOTA DELL'AUTORE

Il seguente calcolo tratta numeri estrapolati da contesti estremamente grandi e variegati (ci rifacciamo all'insieme di tutti gli esseri umani esistiti durante l'intera storia umana, che continua da oltre due milioni di anni), di conseguenza, tutti i numeri presentati nel ragionamento sono da considerarsi una media approssimativa ed in alcuni casi addirittura ipotetici (i numeri "tabellati" sono quasi sempre numeri puramente indicativi).

Partiamo dal presupposto fondamentale che la conoscenza umana è
una forma di conoscenza di tipo sociale, ovvero si basa sull'unione
dei pensieri dei singoli individui, i quali costruiscono un bagaglio di
conoscenza comune confrontando le proprie ricerche e le proprie
esperienze personali.
Dunque anche il pensiero o l'esperienza di un singolo individuo può
essere accorpata al bagaglio di conoscenza comune influenzandola
in maniera radicale.
Sulla base di questo punto davvero importante torniamo al nostro
ragionamento.
Ipoteticamente:

ogni essere umano produce in media **5** sogni per notte,

ogni essere umano produce dunque **1825** sogni ogni anno,

la vita media di un essere umano moderno è di circa **70** anni,

nel corso della sua vita fisica un essere umano produce circa
127.750 sogni,
Gli esseri umani attualmente sulla terra sono circa **8.000.000.000**,

se tutti gli esseri umani del pianeta nell'arco di 24 ore passassero
una "Buona notte ☺ & sogni d'oro ♥", a fine giornata la totalità
umana avrebbe sognato circa **40.000.000.000** di sogni,

se unissimo le varie generazioni umane attualmente vive sul nostro
pianeta, tenendo conto della media di vita di **70 anni**, possiamo dire
che tutti gli esseri umani attualmente in vita, durante la loro
permanenza su questa terra creeranno in totale circa
1.022.000.000.000.000 sogni,

un numero così grande di sogni, creati in un periodo di tempo di meno di **150** anni.

Se invece facessimo lo stesso ragionamento in funzione della totalità umana durante l'intero arco della storia umana avverrebbe che:

la vita umana media diventa di circa **45** anni,

si stima che tutti gli esseri umani vissuti sul pianeta siano circa **100.000.000.000**; ovviamente non è possibile fare una stima accurata su questo punto poiché non si riesce a stabilire effettivamente in quale momento preciso della preistoria gli ominidi possono essere considerati esseri umani a tutti gli effetti, ne è possibile stabilire quali specie di ominidi rientrano effettivamente nell'umanità e quali invece no,

dunque, ipotizzando che nonostante le continue notti insonni passate dall'uomo a cercare di difendersi dagli eserciti invasori, da criminali, dalle discutibili attitudini morali, dai cataclismi naturali o anche semplicemente a cercare di non farsi sbranare da qualche famelica tigre dai denti a sciabola, vediamo che in media tutti gli esseri umani della storia hanno sognato circa **8.212.500.000.000.000** sogni,

se consideriamo i sogni come un insieme di immagini casuali vediamo dunque che durante la vita di un essere umano i sogni posseggono circa **127.750** possibilità di predire un evento futuro. Inoltre, (ricordandoci la premessa secondo la quale basta una singola esperienza per affermare un idea nella comune conoscenza umana e influenzarne il pensiero) dobbiamo aggiungere che i sogni hanno avuto nell'intero arco dell'esistenza umana circa (tigre affamata più tigre affamata meno) **8.212.500.000.000.000** possibilità di predire un singolo evento futuro, anche in maniera generica, di conseguenza, andando al culmine del nostro ragionamento, è assolutamente possibile che, avendo tutte queste possibilità a disposizione, i sogni a volte siano in grado di predire il futuro per mezzo del semplice caso.

Qui di seguito vi riporto i numeri del nostro ragionamento schematizzandoli in maniera più semplice e ordinata:

PRECOGNIZIONE FRUTTO DEL CASO	
5	Sogni creati in media durante una notte
1825	Sogni prodotti in media nel corso di un anno
70	Vita media di un individuo
127.750	Media dei sogni prodotti in un'intera vita
8.000.0 00.000	Popolazione umana attuale (2023)
40.000. 000.000	Sogni prodotti dall'intera umanità in 24 ore
1022.00 0.000.0 00.000	Media dei sogni prodotti dall'attuale totalità umana nel corso di tutte le loro vite

45	Vita media di un individuo nel corso della storia
100.000.000.000	Totalità ipotetica di tutti gli esseri umani mai esistiti sul pianeta
8.212.500.000.000.000	Ipotetica media di tutti i sogni avuti dagli esseri umani della terra.

2)**RIVELAZIONE DIVINA;**

questo punto è stato già trattato nella parte storica del nostro viaggio in merito all'oniromanzia di conseguenza non lo andremo ad argomentare nuovamente in maniera articolata.

Possiamo riassumere questo punto affermando che secondo le credenze degli antichi, gli spiriti, gli dei o Dio (a seconda del contesto storico-culturale), essendo esseri superiori (abitanti del mondo spirituale), sono dotati di capacità sovrannaturali (tra le quali anche il dono della prescienza che gli permette di sapere il futuro, elemento costante nell'oniromanzia) ed alcuni di loro sono in grado (consideriamola concettualmente come una forma di telepatia) di entrare in contatto con noi durante le fasi del sonno ed esprimere i loro messaggi tramite sogni, siano essi benevoli o maligni (amplieremo quest'ultimo punto nella parte inerente gli incubi).

Ovviamente questa interpretazione dei sogni premonitori trova un enorme testimonianza nei generi epico, storico-simbolico, leggendario, ma soprattutto trova un grande riscontro nel genere mitologico (alcuni testi antichi prima citati si rifanno a questi generi letterari), ed è proprio qui che la nostra analisi richiede un chiarimento.

Addentrandoci nel genere mitologico infatti dobbiamo ricordare che il mito si definisce come **"una narrazione sacra dal profondo significato religioso e spirituale, la cui veridicità e letteralità dipendono dalla fede dei credenti"**, dunque capiamo che tali racconti non hanno uno scopo di divulgazione scientifica, ne posseggono obbligatoriamente una base storica (anche se comunque molti miti si rifanno ad eventi reali) poiché appartengono a contesti estremamente diversi dalla realtà che viviamo normalmente nella nostra quotidianità o nelle scienze naturali ma soprattutto, sono costituite verità riconosciute solo ed esclusivamente in funzione della fede e della tradizione (detto in parole più semplici: **"un mito è un racconto che non può essere dimostrato ne smentito dalla storia, dalla scienza o da qualsiasi altra forma di scienza umana, se tu ci credi, per te quel mito è vero, se non ci credo, per te quel mito è falso"**).

Di conseguenza essendo il mondo spirituale un qualcosa di estremamente lontano dalla nostra logica quotidiana e soprattutto un qualcosa di non direttamente analizzabile, ci è impossibile dimostrare o confutare in maniera determinante che i sogni premonitori abbiano o meno una natura sovrannaturale; inoltre (anche se solo una parte dei nostri sogni premonitori fossero effettivamente di origine sovrannaturale), nello specifico, sarebbe ugualmente difficile determinare quale sogno sia naturale e quale di altra natura.

Di conseguenza in questo caso i limiti umani ci costringono ad ammettere che non ci è possibile trovare una soluzione esaustiva a tale dilemma, riconoscendo così la relatività del pensiero umano e costringendoci in fine a considerare questa chiave di lettura come ancora avvolta nel mistero;

ognuno di noi dunque sceglierà a livello personale se credere ed a che cosa credere (ma di questo, ne parleremo magari in un altro libro),

3)MECCANISMO INNATO DI PRECOGNIZIONE CEREBRALE;

questa è una tesi molto interessante che io personalmente studiai vari anni fa e che si focalizza sulla funzionalità concreta dei sogni premonitori identificandoli come un particolare ma fondamentale meccanismo di difesa naturale.

Secondo questa interpretazione il sogno premonitore deve essere definito come:

"UNA RIELABORAZIONE DELLE INFORMAZIONI ACQUISITE DURANTE LA GIORNATA AL FINE DI PREDIRE UN IPOTETICO FUTURO".

In questa chiave di lettura il sogno premonitore ha dunque uno scopo esclusivamente funzionale;

per quanto l'uomo moderno (per non chiamarlo uomo domestico) sembra una creatura di origine fortemente artificiale, nata e costruita in un contesto controllato e relativamente sicuro come quello di una civiltà sviluppata, sta di fatto che l'uomo (inteso sia come Homo sapiens che come tutte le altre specie più antiche appartenenti al genere Homo) è un animale di origine selvatica, la cui suddetta origine storico geografica è da collocarsi in luoghi inospitali pieni di pericoli e ricchi di predatori.

In un tale contesto, dove le uniche armi di difesa all'uomo disponibile sono la sua capacità locomotoria semi-arboricola e le sue ricche e variegate facoltà mentali, è chiaro che avendo difficoltà in un uno scontro diretto (a motivo della mancanza di strutture difensive e offensive naturali come corna, artigli, veleno, ecc.) una più funzionale strategia (ovviamente senza nulla togliere a quei simpatici bastoni con la punta di pietra che le persone si portavano appresso mezzo milione di anni fa) sarebbe quella di provare a identificare preventivamente le possibili minacce così da evitare uno scontro diretto e probabilmente fatale, optando invece per una strategia evasiva, più adatta alle capacità (o forse dovremmo dire incapacità) umane.

Per riassumere meglio questo punto possiamo dire che la creazione dei sogni premonitori avviene in tale sequenza:

1)durante la giornata il nostro cervello acquisisce un enorme quantità di informazioni aventi una varia natura sensoriale (tattili, uditive, visive, ecc.),

2)durante la fase mnemonica notturna, prima che venga fatta la selezione di tali informazioni con la conseguente eliminazione di tutte quelle informazioni ritenute poco utili o addirittura inutili, il nostro cervello combina tutte queste informazioni in modo da creare una svariata quantità di scenari,

3)una volta creati i suddetti scenari, la nostra mente (stiamo parlando ovviamente del nostro inconscio) seleziona gli scenari più pericolosi (probabilmente tale selezione avviene in funzione del gradiente emotivo negativo, per dirlo in parole più semplici, il nostro inconscio seleziona le scene che a lui fanno più paura) e li trasforma in sogni,

4)tali sogni sono dunque degli avvertimenti di tipo ipotetico-probabilistico che, avendo un elevato volume emotivo negativo porteranno il sognatore (una volta sveglio) ad essere in allarme durante la giornata pensando e ripensando al suo sogno così da essere sempre allerta su questo ipotetico pericolo e di essere mentalmente pronto, nel caso questo sogno o parte di esso inizi ad avverarsi anche nel mondo reale (ricordiamo che l'ansia, la pausa ed il senso di allarme, che nella società moderna sono considerati tossici, avevano lo scopo naturale di tenerci in allerta per reagire prontamente ai possibili pericoli).
Come abbiamo potuto vedere, tutte e tre le interpretazioni sono davvero interessanti ed hanno una base logica accettabilmente solida.
Ovviamente non ci è possibile confutare o confermare una di queste tre ipotesi in funzione delle altre (lascio dunque a voi la piena libertà di trovare una soluzione con spirito critico a tale dilemma) ma è bene ricordare che essendo i sogni premonitori un qualcosa di estremamente misterico, la verità su di essi potrebbe non essere unilaterale ma inglobare tutte e tre le ipotesi precedentemente

esposte (potrebbe essere infatti che alcuni sogni premonitori abbiano un'origine divina, altri invece posseggano una natura di tipo puramente biologica, ed altri ancora siano semplicemente dei colpi di fortuna!).

SOGNI MANDATI DA DIO

Essendo questo un punto fondamentale delle credenze antiche sui sogni, ed essendo comunque il soprannaturale un elemento che ancora oggi si lega così grandemente ad alcune chiavi di lettura oniromantiche, è doveroso includere questo nella nostra lista dei sogni (stiamo parlando del sogno più elevato a livello spirituale e trascendentale che esista!).

Come abbiamo visto, secondo le credenze spirituali e religiose, i sogni costituiscono uno degli strumenti che Dio (o nel caso anche gli dei o gli spiriti) ha utilizzato nei tempi antichi per comunicare con gli uomini.

È credenza comune che il principio dichiarato da Dio nel libro biblico di Isaia "Inoltre io sono sempre lo stesso" indica che anche il modus operandi del Creatore è rimasto invariato, indicando quindi che ancora oggi (come nel passato) esiste la concreta possibilità che Dio continui a comunicare agli uomini tramite i sogni.

In particolare possiamo notare come questi sogni si manifestino in funzione delle "suppliche"; avviene dunque (sempre secondo tale credenza) che quando un uomo invoca (sinceramente) Dio per mezzo della preghiera, con lo scopo di chiedere consiglio, la sua guida o anche semplicemente un supporto emotivo, Dio (se ritiene di farlo) risponde loro per mezzo di vari metodi (ad esempio nel caso dei testi sacri, di altri uomini di fede, eventi durante la giornata, ecc.), uno dei quali è proprio il sogno, ed essendo questo metodo spesso il più diretto in riferimento al fatto che spesso le preghiere vengono fatte alla fine della giornata (la famosa "Preghiera della sera") dunque proprio poco prima di andare a dormire ed iniziare a sognare, avviene dunque che se è nella piena volontà di Dio rispondere in quel tempo stabilito (non si può pretendere o obbligare Dio in nessun modo), egli lo farà proprio per mezzo di un sogno, soprattutto nel caso in cui le nostre preghiere di supplica chiedano esplicitamente a Dio di risponderci tramite un sogno (ovviamente secondo la logica teologica Dio non è una sorta di meccanismo ma un individuo vero e proprio ed eccellentemente pensante, la cui natura incomprensibile ed inosservabile lo rende imprevedibile nel suo agire).

Un aspetto fondamentale di tale sogno è il fatto che i sogni mandati da Dio costituiscono una verità dello spirito, di conseguenza nessuno al di fuori dello spirito di Dio e dello spirito dell'uomo possono davvero sapere se quel sogno ha origine da Dio (a meno che Dio stesso non lo riveli ad un suo servitore, come nel caso di Giuseppe il re dei sogni).

NOTA DELL'AUTORE

Per quanto io personalmente come uomo di fede possa in verità di spirito confermarvi che Dio può servirsi di sogni per comunicare con noi, è bene precisare che da un punto di vista puramente critico l'ipotesi dei sogni mandati da Dio è teorizzabile (per mezzo della logica) e confrontabile (con altre esperienze oniriche nonché con tante testimonianze dei tempi antichi) ma non è di per se modellizzabile (non si può creare un modello finito di colui che è infinito) ne sperimentabile ("non devi mettere YeHoWaH tuo Dio alla prova", Vangelo di Matteo 4:7) di conseguenza tale teoria è classificabile come una teoria di livello 5 (dunque non confermata dal punto di vista delle scienze naturali).

SOGNI DI GUARIGIONE

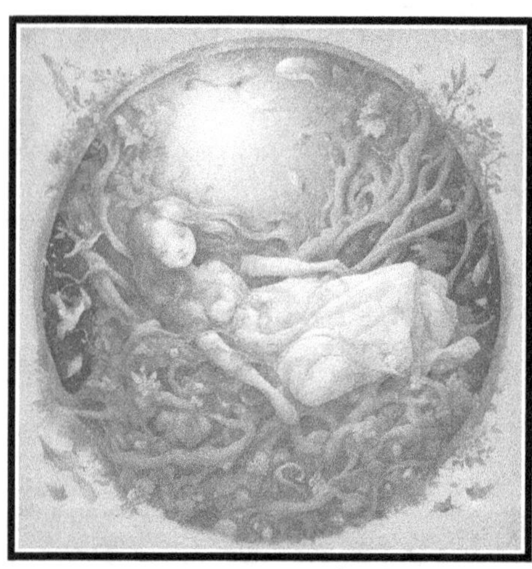

I sogni di guarigione (per quanto sia comunque corretto trattarli in maniera separata) possono anche essere considerati come una derivazione dei **SOGNI DI PRECOGNIZIONE.** Questi sogni avvengono in momenti specifici della nostra vita, precisamente durante la fase terminale delle nostre malattie o in generale dei nostri problemi di salute. Quando il nostro corpo, reagendo al nostro problema di salute (per scelta personale non sono un esperto di medicina, quindi non entro in dettagli che non mi competono) inizia a guarire, nelle notti di sonno che precedono la guarigione completa avvengono dei sogni rivelatori che ci comunicano il raggiungimento della nostra (sicuramente desiderata) guarigione.

Esponiamo ora le possibili spiegazioni di questo sogno...

POSSIBILI SPIEGAZIONI DEI SOGNI DI GUARIGIONE

1)**FRUTTO DEL CASO;**
(vedere il punto omonimo nella sessione "**SOGNI PRECOGNITORI**"),

2)**RIVELAZIONE DIVINA;**
(vedere il punto omonimo nella sessione "**SOGNI PRECOGNITORI**"),

3)**COMUNICAZIONE INCONSCIA DI UN AVVENENTE GUARIGIONE;**
in questa interpretazione vediamo come il nostro inconscio abbia una naturale percezione del nostro corpo, percezione da definirsi come qualitativamente superiore alla nostra coscienza.
Avviene dunque che, nel caso in cui il nostro inconscio riesca a percepire che il nostro corpo o la nostra mente stiano iniziando a guarire dal male che li affligge, il nostro inconscio deciderà di comunicarcelo tramite questo tipo di sogno, il cui scopo è dunque quello di avvisarci che, qualunque sia la pratica, la situazione o il comportamento che stiamo adottando in questi ultimi giorni, il suo risultato è stato quello di produrre un contesto favorevole alla nostra guarigione e (di conseguenza) di continuare tali attività al fine di garantire al nostro corpo o alla nostra mente le condizioni ideali per portare a pieno compimento il processo di guarigione, così da guarire completamente
e riottenere un buono stato di salute (come se tale sogno ci stesse dicendo "continua così che stai facendo bene!").

È importante ricordare (vale anche per le possibili spiegazioni di altri sogni) che non necessariamente i sogni hanno un unica spiegazione.

SOGNI BAGNATI

NOTA DELL'AUTORE

Il seguente tema tratta argomenti relativi alla sessualità umana di conseguenza, nonostante il mio tentativo di esporre questa tipologia di sogno in maniera più controllata e moralmente accettabile è inevitabile che (pur mantenendo un linguaggio scientifico) nell'esposizione delle sue caratteristiche si faccia un riferimento esplicito ai vari aspetti della sessualità stessa. Consiglio dunque (per chi è sensibile a tale argomento) di saltare questa parte con la mia parola che comunque tale esclusione non intaccherà l'esperienza di lettura complessiva.

Come già affermato nella nota dell'autore, i sogni bagnati costituiscono l'insieme di tutti quei sogni che contengono atti sessuali.

Gli atti sessuali presenti in questi sogni possono essere di tutti i tipi, non dimentichiamoci infatti che essendo la sessualità una proiezione della nostra mente essa è incredibilmente variegata ed include un ampia quantità di attività, sia "convenzionali" (come nel caso del classico rapporto sessuale a scopo riproduttivo tra uomo e donna) che fantasiose (come nel caso dei "giochi di ruolo") andando così ad includere nelle attività dei sogni bagnati anche quelle attività che non riguardano un uso diretto di determinate parti del corpo (includiamo dunque anche quelle pratiche che non richiedono l'uso degli organi riproduttivi come nel caso dello spanking e del petting).

Il nome "**SOGNI BAGNATI**" deriva dal fatto che tali sogni hanno un effetto veramente singolare sul nostro corpo.

Essi infatti possiedono come effetto collaterale quello di causare nel sognatore (sia uomo che donna) un eiaculazione (indistintamente dal fatto che sia appunto un eiaculazione maschile o femminile) nella vita reale causando quindi al risveglio la sensazione di essere bagnati.

Questo tipo di sogni può mettere estremamente a disagio il sognatore, farlo sentire sporco o inadatto, può addirittura farlo sentire una sorta di caso umano, come se avesse qualche forma di malattia mentale che ne causi le sue perversioni (il sognatore potrebbe vivere nel sogno esperienze sessuali considerate socialmente inaccettabili come ad esempio la zooerastia, potrebbe effettuare pratiche sessuali addirittura illegali come nel caso della necrofilia, oppure potrebbe anche semplicemente sognare di vivere quelle pratiche sessuali legali, spesso segretamente accettate dalla massa, ma non convenzionali come nel caso del bondage oppure moralmente condannate come nel caso dei rapporti adulterini); molto frequente in questi casi l'uso di frasi del tipo "che cosa ho che non va?" oppure "devo farmi curare da uno bravo!", senza parlare del classico "che cosa c'è di sbagliato in me?", espresse ovviamente con un senso fortemente ammonitorio, come a condannare tali atti di degradata perversione.

Questi sogni possono rendere fortemente confusi in merito alla propria inclinazione sessuale (ad esempio, una persona eterosessuale potrebbe sognare di avere un rapporto omosessuale o

viceversa) causando così non poco turbamento nella psiche del
sognatore.

La descrizione fatta fin'ora dei sogni bagnati sembra estremamente
negativa, ma dobbiamo ricordare che tutto ciò è dovuto al fatto che
nonostante lo sviluppo socio-culturale dell'umanità esistono ancora
moltissime realtà dove il sesso è considerato un tabù e dove la
sessualità è ancora vittima di norme morali e leggi estremamente
restrittive che impediscono all'uomo di vivere pienamente il proprio
IO (il che non è ne un male, ne un bene, semplicemente costituisce
la realtà di alcuni luoghi e culture).

In ogni caso non bisogna vergognarsi, condannare o addirittura
contrastare attivamente qualcosa che ha origine nel proprio
inconscio e che potrebbe essere molto più importante di quel che
sembra;

bisogna piuttosto cercare di comprendere il senso di tali sogni così
da coglierne il reale valore.

In funzione del ragionamento appena esposto andiamo ora ad
elencare le possibili interpretazioni di questo (davvero!) particolare
tipo di sogno:

POSSIBILI SPIEGAZIONI

1)**FRUTTO DEL CASO;**
(vedere il punto omonimo nella sessione "**SOGNI
PRECOGNITORI**", il tipo di sogno è diverso ma l'interpretazione
è concettualmente compatibile);

2)**SUCCUBI DI UNA SUCCUBA;**
come abbiamo visto nel mondo antico (ma anche nel mondo
medievale) le credenze portavano l'uomo a collegare la natura dei
sogni con il sovrannaturale ed anche in questo caso vediamo la
presenza a noi disponibile di una tale interpretazione.

In questo caso però tale sogno assume in molte culture (di stampo
fortemente religioso) una valenza estremamente negativa;
questo era dovuto ad alcuni aspetti della natura religiosa (come nel
caso di quelle abramitiche) le cui leggi ed i cui principi erano
(secondo determinate interpretazioni) in contrasto con la natura ma
soprattutto con gli effetti di tali sogni.
Per comprendere meglio questo punto andiamo ora a citarne alcuni
esempi:

1)presenta delle analogie con un tipo di peccato detto onanismo (dal
personaggio biblico di Onan, condannato a morte per non aver
concepito un figlio con Tamar, moglie di suo fratello, ed aver
invece preferito "disperdere per terra il suo seme" come riportato
nel libro della Genesi, capitolo 38,versetti 9 e 10),

2)nei testi sacri abramitici (più precisamente all'antico testamento)
le emissioni seminali rendevano le persone impure (nel libro del
Levitico, al capitolo 15, il versetto 16 comanda "Se un uomo ha
un'emissione seminale, egli deve lavarsi completamente in acqua
ed essere così impuro fino alla sera.") fatto assolutamente
disdicevole per un popolo che, per essere approvato dal loro dio
doveva rimanere puro in tutti i sensi possibili e che, nel caso non
rispettato, poteva addirittura portare l'impuro a doversi allontanare
dalla comunità israelita per un breve periodo (il libro di
Deuteronomio, nel capitolo 23, ai versetti 10 ed 11 recita "Se un
uomo **diventa impuro** per colpa di **un'emissione seminale
notturna**, deve **uscire dall'accampamento** e **non rientrarvi.**
Verso sera deve lavarsi con acqua e dopo il tramonto può tornare
all'accampamento").
Essendo dunque il risultato dei **SOGNI BAGNATI** un qualcosa che
allontanava l'uomo da Dio poiché lo rendeva impuro ed essendo i
sogni un qualcosa che spesso era inteso come sovrannaturale è
chiaro che questi sogni dovevano avere un'origine maligna, e nel

caso del dualismo presente nel giudaismo e nel cristianesimo, addirittura demonico.

Spesso infatti, tali credenze e tradizioni hanno indicato come colpevole di tali atti la presunta prima moglie di Adamo, Lilith, la quale (secondo la tradizione religiosa), unendosi ai demoni e venendo punita a motivo di questa scelta dal suo creatore, diventò anche lei un essere diabolico e decise così di usare i suoi poteri per creare nuovi demoni;

per fare ciò (sempre secondo tali credenze) ella si addentra nelle stanze dove dormono gli uomini (ha una predilezione per i ragazzi e gli uomini molto giovani) e tramite sogni (come nel caso dei **SOGNI BAGNATI**), visioni ed altre espressioni del suo potere porta gli uomini a "bagnarsi" (essendo un eiaculazione non volontaria parliamo dunque di vere e proprie polluzioni notturne) così che tramite il seme della vittima possa fecondarsi e partorire in seguito un nuovo demone.

Oltre a lei ovviamente viene dato un ruolo importantissimo anche a Satana il Diavolo, il quale (secondo la tradizione cristiana) entra nella mente dell'uomo quando egli abbassa la guardia (in questo caso durante la notte, quando non siamo coscienti e quindi meno pronti a difenderci dalle sue trappole insidiose) e decide di manifestare tali visioni al fine di inculcare nell'uomo il desiderio del peccato così da portarlo in seguito a concretizzare tali sogni e compiere il peccato di "immoralità sessuale", così da perdere il favore di Dio, del suo Signore Gesù Cristo e della sua comunità cristiana (che dovrà poi di conseguenza multarlo, segnarlo, ostracizzarlo o addirittura scomunicarlo, a seconda ovviamente del caso specifico).

Nella demonologia questo tipo di creature entrano a far parte di una vera e propria categoria demonica, quella propriamente detta dei succubi.

La succuba ed anche il succubo (chiamato anche "incubo" nella tradizione romana, dove succuba e succubo si usano per indicare il

demone femminile ed incubo si usa per indicarne la controparte
maschile), essendo spiriti posseggono il potere di compiere atti
sessuali per finalità puramente ricreative, ma non avendo un corpo
fisico (posseggono una sorta di muscolatura spirituale, concetto che
però non ha una una vera e propria spiegazione) non sono in grado
di produrre il liquido seminale necessario a riprodursi;
per risolvere tale mancanza devono avere rapporti sessuali con gli
uomini così da estrapolarne il liquido seminale e rubarne l'energia
vitale fino al punto a volte anche di togliergli la vita (in un certo
senso possiamo definirli come dei parassiti).
Queste credenze erano utilizzate nel medioevo e nel mondo antico
per spiegare l'eiaculazione notturna e gli "strani pensieri
peccaminosi" che si sognavano durante la notte, cosa che però non
possiede alcun tipo di riscontro scientifico,

3)ALLENAMENTO GENITALE;

Un'interessante spiegazione di
questo sogno riguarda proprio
l'allenamento fisiologico.
Il nostro corpo infatti (quasi al
pari di una macchina) ha
bisogno di continuare a
lavorare e svolgere le sue
normali funzioni ed attività
poiché se non lo facesse, a
motivo della sua staticità
subirebbe nel tempo un
progressivo ed inesorabile
deterioramento delle sue

strutture (per farvi un esempio molto semplice:
se un braccio rimanesse immobile senza compiere alcun
movimento, nel giro di sole due settimane inizierebbe a deteriorarsi

e se la suddetta situazione durasse mesi o addirittura anni, il braccio
si atrofizzerebbe al punto da non essere più utilizzabile).
Questo ovviamente non riguarda solo l'apparato locomotore ma
ogni parte del nostro corpo, compreso l'apparato riproduttivo.
Questo avviene già nel caso del ciclo mestruale delle donne, ma
(per lo meno nel caso dei maschietti) avviene qualcosa di diverso
ma vagamente simile.
Essendo infatti il pene dell'uomo sprovvisto del Baculum (l'osso
penico), non è in grado di per se di mantenere da solo una struttura
rigida (elemento fondamentale negli atti sessuali umani);
per risolvere questa mancanza il pene umano è provvisto di una
sorta di "corpo spugnoso", al suo interno presentante svariate cavità
simili a delle sacche.
Durante la fase preliminare all'atto sessuale avviene infatti che il
nostro sistema circolatorio indirizzi il sangue necessario all'organo
maschile così da riempire completamente le sue cavità creando così
uno stato di forte tensione e rigidità, cosa che permette di avere una
forte erezione.
Vediamo dunque che, nel caso di chi è sprovvisto del Baculum, le
sue funzioni corporali richiedono un certo lavoro, e per poter
compiere il suddetto lavoro nel pieno della sua efficienza è
necessario che (come anche nel caso delle le altre funzionalità
corporee) l'organo riproduttore rimanga in allenamento;
concretamente questo si verifica durante la notte, dove il nostro
corpo, approfittando della situazione relativamente statica che
avviene durante il sonno, decide di eseguire delle "erezioni di
prova" così da mantenerne intatte le funzionalità (in un certo senso
è una sorta di manutenzione periodica);
ma come eseguire delle erezioni notturne se queste sono innescate
da uno stimolo sensoriale (come ad esempio il contatto fisico con
un'altra persona o anche con noi stessi) o (come nel caso dei
pensieri erotici) dalla nostra mente?

Dovendo ricordare che il nostro corpo durante la notte si muove (molte volte invece rimane praticamente immobile) in maniera poco utile a tale scopo e che non abbiamo sempre a disposizione una persona la cui presenza ci fornisca tale stimolazione è chiaro che dobbiamo escludere la possibilità di uno stimolo sensoriale, ma che dire dello stimolo mentale?

Ed ecco che in questo momento compaiono in nostro aiuto i **SOGNI BAGNATI**, i quali (secondo questa interpretazione) vengono creati con il preciso scopo di dare lo stimolo erotico necessario affinché avvenga l'erezione notturna, così da garantire il continuo benessere delle nostre funzionalità riproduttive.

Questa interpretazione, per quanto estremamente logica, si focalizza però sulla figura maschile senza però affrontare la tematica femminile, di conseguenza anche se si può considerare fortemente valida rimane comunque incompleta.

Passando dunque al caso femminile bisogna dire che anche nel caso del gentil sesso vi è un qualcosa che potrebbe essere compatibile con questa interpretazione:

vediamo infatti che, nella donna, i sogni erotici hanno tre effetti davvero interessanti:

1)avere sogni erotici porta la donna ad avere una maggiore sensibilità e familiarità con i suoi naturali bisogni erotici, e la porta ad avvicinarsi maggiormente alla sessualità (ricordiamoci infatti che l'obiettivo biologico della sessualità è la riproduzione, dunque avere una costante sessualità significa inclinare i singoli soggetti a "continuare la specie"),

2)collegandoci in maniera più specifica al primo punto, quando una donna vive i **SOGNI BAGNATI**, al suo risveglio avrà solitamente il desiderio di completare nella vita reale il climax (la stimolazione sessuale) che ha iniziato nel sogno, di conseguenza, in presenza di un compagno, questo porterà con buona probabilità ad un tentativo di approccio erotico e se il risveglio avvenisse di mattina (il periodo in cui, a motivo di una maggior presenza dei livelli degli ormoni sessuali, il maschio ha un livello di desiderio sessuale più alto della norma) la possibilità di completare un rapporto sessuale aumenterebbe quasi verso il 100% (ovviamente figli, suocera, lavoro ed altre disdicevoli intromissioni permettendo).
In questo caso dunque i **SOGNI BAGNATI** femminili servirebbero a trovare un punto di incontro tra il desiderio femminile e le capacità maschili,

3)il terzo effetto possiamo benissimo farlo rientrare in questa interpretazione!
Vediamo infatti che parallelamente all'erezione maschile, un altro elemento fondamentale per il corretto compimento dell'atto sessuale è la lubrificazione femminile, la quale, se non si verificasse, porterebbe ovviamente ad uno stato di secchezza vaginale che renderebbe doloroso e più difficoltoso il rapporto intimo (potrebbero addirittura verificarsi delle ferite con tanto di sanguinamento sulle pareti interne della vagina durante il rapporto sessuale).
Perché la vagina garantisca prestazioni ottimali durante il rapporto c'è bisogno che continui a produrre nel tempo il lubrificante naturale di cui ha bisogno;
questa produzione (soprattutto in giovane età) se risultasse insufficiente potrebbe essere stimolata, ma (ripetendo un po la

stessa formula usata precedentemente con i maschietti) come stimolare la produzione naturale di lubrificante senza uno stimolo sessuale reale come ad esempio il contatto fisico con un partner? Anche in questo caso vediamo accorrere in nostro aiuto i **SOGNI BAGNATI** i quali, stimolando mentalmente il desiderio sessuale della donna, portano la suddetta a produrre il lubrificante naturale di cui ha bisogno per attività intime ma anche per la normale salute del suo apparato riproduttivo,

4)**VALVOLA DI SFOGO;**

questa interpretazione si ricollega fortemente ad una spiegazione data in merito allo scopo delle polluzioni notturne.
È stato riscontrato infatti che, per quanto le polluzioni notturne avvengano nella maggioranza dei casi durante il periodo tardo adolescenziale (quando i livelli di testosterone nel ragazzo iniziano ad aumentare, quando lo sviluppo dei testicoli porta l'inizio della produzione di spermatozoi), esse si manifestano in maniera abbastanza frequente anche nei casi degli adulti che non posseggono una vita sessuale molto attiva e che non praticano neanche l'autoerotismo, avvenendo molto spesso proprio in correlazione alla manifestazione dei **SOGNI BAGNATI**;
tutto ciò avviene (secondo questa tesi) per uno scopo ben preciso:

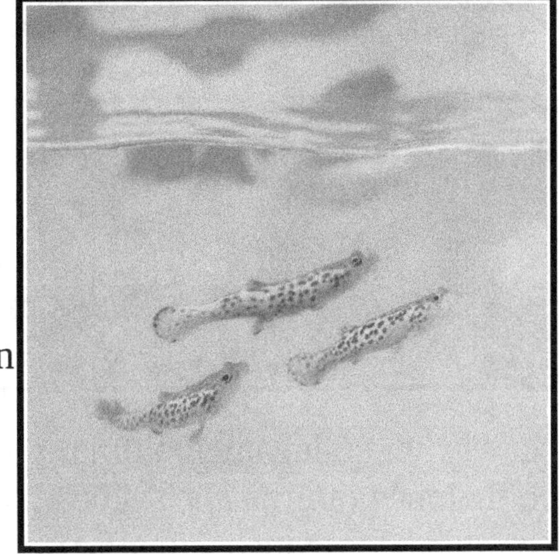

si sostiene infatti che (tutto questo ovviamente in un contesto privo di problemi medici)
una volta che i testicoli hanno prodotto gli spermatozoi, essi vadano obbligatoriamente eiaculati fuori dal corpo entro un determinato periodo (tramite appunto l'attività sessuale), quando questo non

avviene, gli spermatozoi già presenti iniziano a "stagnare"
nell'epididimo (è in un certo senso il serbatoio dove il corpo
accumula il seme prodotto) e quando passa troppo tempo (tempo
che ovviamente cambia da individuo a individuo) il corpo necessita
di un "rinnovo spermatico", ovvero di ricominciare a produrre
nuovi spermatozoi che sostituiscano quelli ormai vecchi;
gli spermatozoi vecchi diventando così una sorta di materiale di
scarto e, come ogni materiale considerato scarto dal nostro
organismo, devono dunque essere espulsi dal nostro corpo;
ma come espellere gli spermatozoi da un soggetto che (non avendo
una vita sessuale o autoerotica che permette di farlo nella maniera
naturale) non usufruisce dei naturali meccanismi di espulsione?
È chiaro dunque che ci sarà bisogno di costringere il soggetto ad

avere un eiaculazione in maniera
involontaria, ed è proprio in questo
caso che in aiuto del nostro corpo
avviene questo meccanismo
naturale detto polluzione notturna,
che funge dunque da valvola di
sfogo (in questo caso possiamo dire
che è davvero una valvola di
scolo!);
ma come si innesca questo
meccanismo?
Abbiamo evidenziato in precedenza
che vi è un collegamento diretto tra i **SOGNI BAGNATI** e la
polluzione notturna che segue al termine di tale sogno.
La logica consequenziale porta a supporre che in questo caso si
assista perfettamente al principio di causa-effetto.
Per riassumere dunque in maniera più chiara questa tesi possiamo
dire che:
"Quando il corpo ha necessità di rinnovare il proprio contenuto
spermatico, per mezzo del nostro inconscio genera dei **SOGNI**

BAGNATI, così da stimolare sessualmente una polluzione notturna, al fine di eliminare gli spermatozoi precedentemente accumulati e garantire spazio nell'epididimo per la conservazione dei nuovi spermatozoi che verranno prodotti".
Ovviamente anche in questo caso non vi è alcuna spiegazione per i sogni fatti dalle donne, rendendo anche questa tesi, solida, fortemente logica, ma purtroppo incompleta per il gentil sesso;

5)**SOGNI DI COMODITÀ;**
secondo questa tesi i **SOGNI BAGNATI** non vanno considerati come un tipo di sogni a se stante ma bensì come un sottogruppo di un altro tipo di sogni detto **SOGNI DI COMODITÀ**, tipologia che tratteremo subito dopo aver concluso questa,

6)**MESSAGGI SIMBOLICI;**
per l'uomo la sessualità è un aspetto della vita che si riflette grandemente su tutti gli altri, compreso quello psicologico, ma soprattutto quello onirico;
ricordiamoci infatti che nel caso della specie Homo sapiens la sessualità non indica semplicemente una funzione riproduttiva ma costituisce a tutti gli effetti una proiezione della (estremamente variegata) mente umana;
di conseguenza, avendo l'immane compito di rappresentare le svariate sfaccettature della nostra psiche essa tende ad acquisire un enorme simbologia che si riverserà di conseguenza nella nostra vita.
Si sostiene dunque che il nostro inconscio utilizzi tali figure della sfera sessuale (da noi ben conosciute) per comunicarci determinati messaggi (ad esempio utilizzando i ruoli di dominante e remissivo, tipici dei rapporti sessuali per indicare la presenza di un qualcosa che ci opprime o un aspetto della nostra vita dove ci stiamo indebolendo).

SOGNI DI COMODITÀ

Analizzando le varie tipologie di sogni precedentemente esposte è chiaro da alcuni punti che esiste un vero e proprio legame (in alcuni casi diretto e in altri più sfumato) tra essi ed i bisogni naturali (o meno) che albergano nella mente dell'uomo.

Ed è proprio dei bisogni fisiologici del nostro corpo che questa tipologia di sogni tratta.

Tali bisogni infatti, come per esempio il bisogno di alimentarsi, di idratarsi, di evacuare gli scarti, di socializzare e di "riempire il mondo della nostra discendenza" (o anche semplicemente fare l'amore), sono necessità fondamentali della nostra specie ed il nostro corpo deve necessariamente soddisfarli e se ciò non avviene, essi diventano un vero e proprio tormento per la nostra mente fino al loro raggiungimento.

Ovviamente è una nota consapevolezza di tutti che questo non è sempre possibile farlo, ma come si può al fine affrontare una situazione del genere?

Come può essere possibile vivere in un contesto dove le necessità personali si frappongono all'impossibilità di soddisfarle?

Ovviamente...non si può!

Questa situazione porta inesorabilmente al collasso del nostro corpo e prima ancora della nostra psiche.

Essendo questa una realtà frequente della nostra quotidianità com'è possibile dunque fronteggiarla?

Ci ritroviamo in una situazione dove c'è bisogno di raggiungere un obiettivo ma in questo momento non vi sono le risorse per raggiungerlo...la soluzione più ovvia è dunque trovare un modo per guadagnarsi il tempo di raggiungerlo, una sorta di palliativo che permetta di attenuare la tensione il tempo sufficiente per riuscire a trovare il modo di soddisfare tali bisogni (senza dunque che tale mancanza porti ad una vera e propria crisi).

Ed è proprio qui che arrivano in nostro soccorso i **SOGNI DI COMODITÀ**.

I sogni di comodità sono dunque tutti quei sogni che hanno come tema centrale i nostri bisogni fisiologici e psicologici e che hanno come obiettivo quello di soddisfarli (almeno nel mondo onirico e dunque a livello puramente mentale), così da allentare la tensione emotiva dovuta a tale mancanza e dare un leggero sollievo alla nostra mente in modo da garantirle la tranquillità necessaria ad affrontare lucidamente il problema in modo da risolverlo anche nel mondo reale (alleggerendo il gradiente emotivo).

Ne verrà dunque che (per fare un esempio) andando a letto affamati o disidratati, il nostro inconscio ci farà sognare di mangiare o bere molta acqua così da attenuarne il bisogno a livello mentale, oppure (ricollegandoci ai **SOGNI BAGNATI**) se noi attraversassimo un lungo periodo di astinenza sessuale e avessimo dunque una crisi d'astinenza, o magari il bisogno di eliminare il seme vecchio, il nostro inconscio sognerebbe di avere rapporti intimi così da soddisfare il nostro bisogno psicologico o avere la polluzione notturna di cui abbiamo bisogno per liberarci dagli scarti interni.

In merito a questa intrigante tipologia di sogni vi è però un'altra interessante interpretazione che però indirizza questo sogno ad avere esattamente lo scopo opposto di quello appena esposto.

Secondo infatti quest'altra interpretazione, i **SOGNI DI COMODITÀ** non avrebbero lo scopo di attenuare la nostra tensione ma bensì di aumentarla evidenziandone le cause.

Di conseguenza ci ritroveremmo in un contesto dove, se noi abbiamo un determinato bisogno (ad esempio abbiamo bisogno di assumere nuovi liquidi nel corpo poiché siamo disidratati), il nostro inconscio creerà dei sogni incentrati su quei bisogni al fine di evidenziarne l'imminente necessità e spronare la nostra coscienza (una volta svegliati) a focalizzarsi su tale necessità primaria (nel caso preso in esame, sogneremo dunque di bere molta acqua, di essere alla ricerca d'acqua, di morire disidratati o annegati, o altri sogni simili aventi simbolicamente lo stesso messaggio: "Devi assolutamente reidratarti poiché il tuo corpo ha immediatamente bisogno d'acqua...ora!!!").

SOGNI VIVIDI

I sogni vividi sono una tipologia di sogni la cui natura non dipende dalle qualità intrinseche della narrativa onirica ma bensì dalla temporalità nella quale essi avvengono.
Come abbiamo visto in precedenza, un essere umano durante una normale sessione di sonno vive una media di circa 5 sogni a notte.

Una particolare caratteristica che accomuna tutti i sogni è il fatto
che essi siano davvero difficili da ricordare!
Di tutti i sogni che viviamo la percentuale che ne ricordiamo al
risveglio è davvero bassa, in molti casi
è addirittura nulla.
Spesso infatti ci capita di svegliarci pensando di non aver
avuto alcun sogno, anche se questo in realtà è estremamente
improbabile se non addirittura impossibile!
La verità è semplicemente che non li ricordiamo.
Parlando invece dei sogni di cui abbiamo memoria bisogna dire che
anch'essi non eccellono per nitidezza, spesso ce ne ricordiamo solo
una parte oppure li ricordiamo in maniera molto sfocata.
Anche in questo caso abbiamo un eccezione costituita dai **SOGNI
VIVIDI**;
questi sogni sono invece estremamente dettagliati e nitidi e al
risveglio ne abbiamo piena memoria, al punto tale da diventare in
alcuni casi un pensiero fisso lungo tutto l'arco della nostra giornata.
Nella nostra cronologia onirica i **SOGNI VIVIDI** corrispondono in
genere all'ultimo sogno che facciamo durante la fase REM, il sogno
che facciamo o che stiamo facendo nel momento in cui ci
svegliamo o veniamo svegliati.
Ovviamente è doveroso ricordare che nonostante al risveglio (o
magari anche durante il resto della giornata) ne possediamo piena
memoria, anche in questo caso, a meno che non mettiamo per
iscritto la nostra esperienza, il ricordo che ne avremo andrà via via
svanendo nel breve tempo (io personalmente ho immediatamente
messo per iscritto alcuni dei miei sogni e dopo 15 anni ne ho ancora
memoria!).

SOGNI CONDIVISI

In generale vediamo come i sogni abbiano sempre e solo un unico protagonista, eppure vediamo che in alcuni casi questo non è propriamente vero.

Esiste infatti una tipologia di sogni che viola questa regola; stiamo parlando dei **SOGNI CONDIVISI**.

In questo particolare sogno vediamo come vi sia la presenza non più soltanto di uno ma bensì di due o più onironauti (abbandoniamo dunque in

questo caso l'immagine del viaggiatore solitario circondato da pedine incoscienti) i quali nella vita reale stanno vivendo la fase REM del loro sonno in maniera indipendente ma che nel sogno si ritrovano invece in unico luogo, quasi come se l'ambientazione del sogno fosse una sorta di centro di aggregazione, una sala riunioni o una gilda dove degli onironauti selezionati per uno scopo comune si ritrovano insieme.

Essendo la fase REM dei singoli onironauti non programmabile, ne consegue che essi non accederanno contemporaneamente a tale

sogno; potrebbero infatti esserci alcuni onironauti che non si connetteranno a tale sogno con gli stessi tempi e di conseguenza non tutti gli onironauti che incontriamo in tale sogno potrebbero essere tutti quelli che ve ne hanno diritto d'accesso;
potrebbe inoltre succedere che nel momento in cui ci connettiamo a tale sogno, non vi siano altri "utenti online", dandoci la percezione di star vivendo un tradizionale **SOGNO LUCIDO**.
Ovviamente è chiaro che un sogno così particolare porta a farsi delle domande altrettanto particolari:

1)se i sogni avvengono nella nostra mente, nella mente di chi ha avuto origine tale sogno?

2)Se i sogni sono di tipo puramente individuale, com'è possibile allora connettere tra loro più sognatori?

3)L'ambientazione del sogno avviene nella mente di un individuo che presta dunque la sua mente come una sorta di router?
Oppure avviene in un luogo esterno alle menti sognanti?Dunque (richiamando nuovamente la nostra attenzione sul tema dei viaggi astrali o del mondo spirituale
precedentemente trattati) è possibile che i sogni esistano al di fuori della nostra mente?

4)Chi o cosa può decidere quale onironauta può accedere a tale sogno?
Esiste una sorta di amministratore/moderatore del sogno?
5)L'onironauta che accede a tale sogno, lo fa liberamente o è come se venisse catturato (tipo "sequestro di sognatori") e costretto a parteciparvi?

6)Un onironauta dunque è in grado (come una sorta di telepatia) di creare un sogno lucido e connettersi volontariamente con altri sognatori?

7)Dunque (andando a rigettare le nostre argomentazioni di tipo naturali e riprendendo in esame invece quelle sovrannaturali) i sogni non sono in realtà un semplice prodotto della nostre mente ma bensì un ponte per un diverso livello della realtà?

8)Quale è lo scopo di un sogno dalla natura così misteriosa e destabilizzante?

Riflettendo su tali domande appare chiaro come questo tipo di sogno abbia una natura assolutamente sovrannaturale e si discosti per molti versi dalle altre tipologie di sogni precedentemente trattate.

I **SOGNI CONDIVISI** sono direttamente collegati ad un altro (altrettanto misterioso) sogno;
stiamo parlando di **SOGNI D'ATTRAZIONE**...

SOGNI D'ATTRAZIONE

Questo sogno si rifà ad un'antica credenza, probabilmente originaria del mondo greco... l'anima gemella.

Secondo il mito esposto da Platone in origine gli esseri umani non erano divisi in uomini e donne ma erano una sorta di ermafroditi; con il passare del tempo, il loro comportamento causò l'ira degli dei i quali, per punirli della loro condotta, li divisero in due con un colpo di fulmine;

da quel momento in poi gli esseri umani saranno sempre alla ricerca finché non ritroveranno la loro metà perduta.

Indistintamente dall'interpretazione simbolica, evemerista o addirittura letterale che possiamo fare di questo racconto capiamo che il concetto sostanziale di questa credenza è che (secondo tale pensiero) ogni essere umano possiede un'anima gemella (l'uomo è l'anima gemella della donna e viceversa) ed è solamente trovandola che l'individuo riuscirà ad essere davvero completo;

rifacendosi alla simbologia del racconto capiamo che il meccanismo fondamentale per trovare la propria anima gemella è il colpo di fulmine, ma come si arriva all'incontro dove verremo amorosamente fulminati?

Secondo la leggenda del filo rosso (un altro racconto che tratta il tema dell'anima gemella, questa volta però di origine orientale) è il "filo rosso del destino", che il dio dell'amore usa per legare assieme due anime gemelle, cosa che le porta inevitabilmente a ricongiungersi, ma, secondo la teoria dei **SOGNI D'ATTRAZIONE** (teoria che   si ritrova compatibile con la logica di questi racconti) sono proprio questi sogni che porteranno i due futuri amanti ad incontrarsi.

All'interno di questi sogni infatti ci verrà rivelato chi è la persona che costituisce il nostro vero amore, ci verranno rivelati dettagli inerenti la sua personalità, il suo aspetto fisico, i luoghi dove è stata, dove potrebbe essere e dove dunque cercarla, in poche parole, tutto ciò che ci serve per trovarla!

Ricollegandoci ai **SOGNI CONDIVISI** vediamo che in altri casi i **SOGNI D'ATTRAZIONE** costituiscono dei veri e propri portali che permettono ai due individui di entrare in connessione tra loro. Collegando le informazioni presentate alle domande (rimaste in sospeso) della tipologia di sogno precedente possiamo ipotizzare che (rimanendo nell'interpretazione mistica che avvolge i sogni condivisi) alla base di tali sogni vi sia un essere superiore (come lo era nella legenda il dio dell'amore) il quale crea questa sorta di

realtà onirica dunque con uno scopo ben preciso (in questo caso
quello di unire due persone nel loro destino).
Uscendo però da questa visione mistica vediamo come in questo
caso tale sogno possa anche avere una spiegazione assolutamente
naturale:
partiamo dal presupposto che la nostra anima gemella (che per noi
dovrebbe essere una figura misteriosa) corrisponde in genere a
qualcuno che abbiamo già incontrato nella realtà (il ché per certi
versi è abbastanza scontato essendo che tutti i soggetti che vediamo
nei nostri sogni corrispondono a persone che abbiamo visto
nell'arco della nostra vita) e che quindi si manifesta oniricamente
nello stesso periodo in cui la incontriamo fisicamente (solo dopo
averla incontrata ci rendiamo conto che era lei la persona del
sogno);
oltre a questo, se noi andiamo a rivedere sia il mito di Platone che la
leggenda del filo rosso possiamo notare come il punto comune dei
racconti sia inevitabilmente l'atto di incontrarsi, atto che
conseguentemente porterebbe ad essere folgorati dal colpo di
fulmine ed a capire di avere davanti a se l'altra estremità del filo,
eppure dovremmo chiederci (tenendo conto del fatto che la
memoria umana è un qualcosa di estremamente malleabile ed
influenzabile), se l'ordine in cui noi ricordiamo tali eventi non
corrispondesse all'ordine nel quale essi sono effettivamente
avvenuti?
Se la nostra sequenza mnemonica venisse influenzata dalla chimica
dei nostri nascenti sentimenti e dalle nostre convinzioni personali?
In tal caso ci troveremmo davanti ad uno scenario dove il soggetto
incontra quello che in seguito diverrà l'oggetto del suo amore, e tale
reazione chimica, venendo percepita dal nostro inconscio,
porterebbe quest'ultimo a comunicarci tale percezione tramite un
sogno d'attrazione (il quale dunque altro non sarebbe che un mezzo
del nostro inconscio per evidenziarci quali siano le nostre pulsioni e
verso chi le stiamo provando e le dobbiamo soddisfare) ma, essendo

il soggetto sognante inconsapevole del ruolo che ha l'inconscio nei sogni, ed essendo probabilmente influenzato da credenze culturali come appunto l'anima gemella, sotto l'effetto stordente dei sentimenti amorosi (non dimentichiamo che esiste un rapporto inversamente proporzionale tra il volume emotivo e la nostra capacità di ragionare, non per nulla quando una persona inizia a provare un forte sentimento si dice che si è "innamorato follemente"), andrebbe così a sequenziare nuovamente tutto il processo avvenuto in maniera naturale nella nostra mente, in modo da dare a quell'amore un senso superiore, come potrebbe essere per l'appunto nel caso di "un sogno mistico...di due anime gemelle...separate da un fulmine divino...ma legate...dal filo rosso del destino!!!"

INCUBI

Passiamo ora al sogno che più di tutti conosciamo e che più di ogni altro ci ha garantito almeno una volta nella vita un esperienza onirica negativa e a volte addirittura devastante dal punto di vista emotivo, stiamo parlando degli **INCUBI**.

L'incubo costituisce un esperienza onirica ad alto impatto emotivo di natura fortemente negativa, ogni sogno il cui svolgimento causa un enorme stato di malessere si può classificare in genere come tale.

All'interno di tale esperienza, il sognatore è costretto a rivivere le sue paure ancestrali, i suoi dubbi più intensi ed i suoi timori repressi;

gli elementi che lo costituiscono possono essere svariati, ma non necessariamente collegati a paure del mondo reale (potremmo ad esempio sognare di essere spaventati da cose che nella vita quotidiana non ci fanno paura ma che nel sogno per un motivo non ben precisato risultano insolitamente terrificanti) eppure sono tutti collegati dalla stessa condizione emotiva, un enorme stato di ansia, panico e devastazione, come se fossi bloccato in una strada senza uscita che ti costringe ad affrontare un tragico destino.

Se il volume emotivo durante la trama narrativa dovesse aumentare in maniera insostenibile per il viaggiatore onirico questo tipo di sogno si trasformerebbe in un altro sogno detto **"TERRORE NOTTURNO"** (che tratteremo subito dopo la conclusione di questo).

L'**INCUBO** si differenzia dagli altri sogni anche per un altro elemento importante...la sua pericolosità!

Il turbamento scatenante nel sognatore potrebbe infatti avere un impatto seriamente destabilizzante, soprattutto nel caso in cui si mescoli ad altre tipologie di sogni.

In generale un incubo "convenzionale" non ha di per sé nessun effetto negativo; al risveglio potrebbe causare una sensazione di leggero malessere, portare il sognatore a rimuginare su di esso per il resto

della giornata, per poi dimenticarsene ed andare avanti con la sua vita e le sue esperienze oniriche;
altre volte invece (come abbiamo precisato poco prima) esso si fonde con altre tipologie di sogni andando così ad aumentare il gradiente emotivo della nostra esperienza onirica;
per fare degli esempi:

1)un **INCUBO** sviluppato all'interno di una **SERIE DI SOGNI** provocherebbe una condizione dove ogni sogno, collegandosi al precedente, andrebbe a creare uno stato di turbamento crescente con la rispettiva ansia dovuta alla consapevolezza che qualunque esperienza malevola e destabilizzante sia stata vissuta, altro non sarà che l'introduzione ad un ulteriore trauma che si verificherà nel sogno successivo o anche in quelli successivi;

2)un **INCUBO** divenuto un **SOGNO RICORRENTE** (definiamolo come un **INCUBO RICORRENTE**) nel lungo periodo diventerà quasi una forma di tortura psicologica, come il ticchettio incessabile di un orologio oppure il gocciolare di un lavandino che di per se non hanno un effetto disturbante, ma, se protratti per un lungo periodo in un contesto di assoluto silenzio inizieranno a diventare quasi un ossessione, con la differenza che nel nostro caso (l'incubo ricorrente) partiremmo già da un qualcosa di disturbante che si accentua esponenzialmente con il ripetersi dell'esperienza;

3)nel caso in cui un **INCUBO** si fondesse con un sogno **DI PRECOGNIZIONE** si creerebbe un contesto emotivo di profonda angoscia, dove il sognatore oltre a vivere un esperienza emotivamente negativa andrebbe anche a vivere una sorta di stato di condanna, come se il sogno fosse la premonizione di un orrenda vicenda che indistintamente dal nostro operato saremo costretti a vivere in un imminente futuro (come nel caso del sogno di Calpurnia);

4)se un **INCUBO** si fondesse con un **SOGNO BAGNATO**, essendo il sogno riguardante la nostra sfera intima, potrebbe portare il sognatore ad uno stato di soggezione tale da riproporre i disagi vissuti nel sogno in timori riguardanti tale attività nel mondo reale;

5)se un onironauta durante la creazione di un **SOGNO LUCIDO** dovesse introdurre elementi dall'impatto negativo, il tutto si trasformerebbe in un **INCUBO LUCIDO**, esperienza destabilizzante causata dalla natura malevola dell'incubo, accentuata però dal sogno lucido che tende di per se ad intensificare ulteriormente l'esperienza.

NOTA DELL'AUTORE

Ovviamente le combinazioni possibili non terminano qui; esse infatti abbracciano l'intero mondo dei sogni e sono dunque ipoteticamente infinite nelle loro sfumature.
Scegliamo di non trattarle tutte per non perderci nei ragionamenti, preferendo focalizzarci su ciò che già tali esempi ci testimoniano, ovvero che un incubo può avere un effetto tremendamente destabilizzante sull'individuo e le suddette sfumature, che esso può sviluppare, possono accentuare grandemente questa sua particolare caratteristica rendendo tale sogno potenzialmente pericoloso.

Ma perché nello svariato elenco che racchiude i sogni della nostra mente ne esiste uno che possiede delle caratteristiche così negative? Quale può essere il senso di un prodotto così traumatico del nostro cervello?

Andiamo ora a vedere insieme alcune interpretazioni di tale sogno
tenendo conto di alcuni contesti dove essi si rivelano;

1)DISTURBO MENTALE;

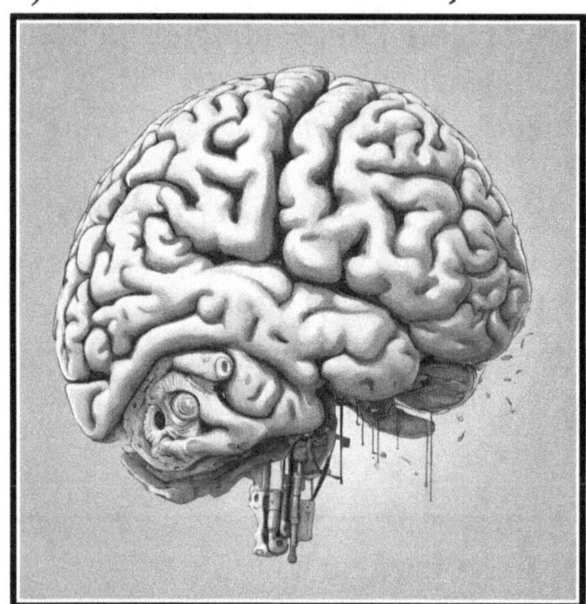

l'incubo potrebbe avvenire per via di alcune problematiche della psiche umana e generarsi dunque in funzione dei suddetti disturbi, i quali costituirebbero il motore fondamentale dei suddetti sogni.
In questo caso potrebbe avvenire che tali sogni siano ricollegati ad esperienze traumatiche che i sogni ci costringono a rivivere.
Nel caso in cui gli **INCUBI** acquisiscano tale valenza, si potrebbe arrivare a maturare un vero e proprio disturbo indipendente detto "disturbo da incubi".
In casi di tale gravità (per mio personale principio morale) non è corretto ampliare tali tematiche dal punto di vista filosofico, scegliendo piuttosto di suggerire a chiunque sia affeto da tali disturbi di ampliare tali conoscenze non in maniera indipendente ma bensì in relazione ad un terapista competente nell'ambito della psichiatria o di discipline inerenti al suddetto problema (così da poter affrontare un percorso terapeutico sotto la supervisione di un professionista),

2)USO DI SOSTANZE;

l'uso di sostanze illecite che alterano la mente o di farmaci (anche legali e prescrivibili) potrebbero avere come effetti collaterali lo sviluppo di **INCUBI**.

È bene precisare anche che in caso di disturbi gravi (vivere correntemente questo tipo di sogni) l'uso di farmaci all'interno di una terapia medica potrebbe invece avere l'effetto contrario, andando a contrastare tali disturbi del sonno, causando una repressione della frequenza con la quale noi abbiamo i nostri incubi e permettendoci così di avere dei sogni più tranquilli.

In ogni caso, anche senza l'ausilio di una terapia farmaceutica, è assolutamente consigliato di non assumere sostanze illecite ed (nel caso se ne faccia uso) di interrompere nella maniera più sicura possibile l'abuso di tali sostanze segnalando tale condizione al proprio medico (il quale saprà dare istruzioni a riguardo) con la garanzia che l'eliminazione di tali sostanze dalla propria vita nel lungo periodo avrà indubbiamente un impatto positivo sull'aspetto onirico e generale della nostra vita,

3)INCURSIONI DEMONICHE;

ritornando nella sfera spirituale e/o religiosa dobbiamo evidenziare anche questa interpretazione.
Secondo alcune credenze, all'interno del mondo spirituale esistono delle creature con un innata inclinazione al male (che secondo una convinzione religiosa "provano piacere nel torturare le persone fino alla morte") dette "demoni" (nel

contesto abramitico) o più in generale detti anche semplicemente
"spiriti maligni" che tra le varie attività svolgono anche un ruolo di
tipo "parassitario", avendo (secondo tali credenze) l'obiettivo di
entrare nella mente umana al fine di controllare la coscienza della
vittima designata.

Sempre secondo tale corrente di pensiero la coscienza umana però costituisce un muro apparentemente invalicabile mentre l'inconscio, non essendo governato dalla coscienza risulta invece essere un luogo aperto, libero da qualunque blocco spirituale, cosa che permette al demone di entrarvi con estrema facilità. Una volta entrato nell'inconscio lo spirito maligno sfrutta il sogno (ricordiamoci che il sogno permette alla coscienza e all'inconscio di entrare in contatto tra loro) come una sorta di ponte per accedere all'interno della coscienza.

In questo momento lo spirito demoniaco non può ancora accedere direttamente alla coscienza per via del muro costituito dalla ragione, ma, avendo libero accesso ai sogni che l'inconscio crea, decide di avvelenare tali sogni caricandoli di immagini, suoni ed in generale percezioni maligne e destabilizzanti, trasformando così i sogni in incubi, i quali, una volta passati oltre il muro (entrando in contatto con la nostra coscienza), venendo aperti e pienamente vissuti dal sognatore, lo avvelenano (turbano dunque la coscienza ed indeboliscono la ragione).

Indebolendo la ragione vanno così ad indebolire la fonte che tiene in piedi il muro spirituale che ci protegge dagli spiriti maligni, di conseguenza (per fare un esempio, possiamo paragonare gli incubi inculcati da un demonio ad un veleno iniettato da un serpente, un ragno o uno scorpione nella sua preda, che, una volta iniettato inizia a circolare all'interno della vittima, portando il corpo del mal capitato ad essere sempre più debole e incapace di combattere, fino a renderlo inerme, incapace di sottrarsi alla volontà del predatore che lo ha attaccato, così che egli possa appropriarsi della sua preda) più uno spirito maligno riesce a convertire i sogni "benevoli" in incubi, più veleno riceverà la coscienza, e così la ragione si indebolirà facendo vacillare il muro e conducendo il soggetto sempre di più verso la pazzia, la quale, una volta sopraggiunta, farà crollare il muro della ragione e permetterà allo spirito maligno di entrare in essa e ottenerne il pieno controllo (come un burattinaio che ha il pieno controllo dei sui burattini),

NOTA DELL'AUTORE

Come avrete notato dalla conclusione del processo, questa interpretazione si rifà ad un'antica credenza largamente diffusa in tutto il mondo religioso sin dalla preistoria conosciuta come "possessione demonica", basata sull'idea che esistano creature spirituali che cercano di prendere possesso degli esseri umani sfruttando le loro debolezze come i disturbi mentali o le loro inclinazioni ad attività spiritiche.
Io personalmente come studioso della fede cristiana posso garantire che tale credenza non solo è largamente diffusa ancora oggi ma è anche spiritualmente reale, così come è reale la possibilità di un incursione demonica (motivo per il quale preghiera, meditazione e una sana relazione con Dio sono fondamentali per contrastare tali entità maligne).

Ovviamente anche in questo caso dobbiamo ricordare lo schema analitico dei 3 mondi e dunque valutare anche le spiegazioni umane e naturali prima di concludere con un interpretazione definitiva.

4)RIVELAZIONE DI UN POSSIBILE PERICOLO;

in questa ipotesi viene ripresa la logica sostenuta nella tesi dell'innata preveggenza cerebrale esposta nei **SOGNI DI PRECOGNIZIONE.**

Tali sogni esistono per funzionalità di tipo difensive ed hanno lo scopo specifico di fungere da meccanismo di allarme, avvertendo la coscienza di un imminente pericolo.

Questa funzione di difesa preventiva però non avviene solo in caso di un imminente (e dunque confermato) pericolo, ma avviene anche come forma di istruzione generale in funzione di un ipotetico futuro.

Per spiegarlo tramite un esempio potremmo paragonare l'incubo ad un moderno corso di difesa personale; durante il corso ti verranno mostrate svariate situazioni di pericolo con le loro rispettive soluzioni; esse con molta probabilità non si verificheranno mai nel corso della nostra vita ma nonostante ciò ci verranno comunque esposte in modo da poterci informare e preparare per ogni possibile pericolo in futuro (stiamo parlando di un bagaglio tecnico che è stato ottenuto come somma di anni di singole esperienze acquisite).

In maniera simile a quella appena esposta avverrebbe che, quando il nostro inconscio acquisisce informazioni in merito a possibili situazioni di pericolo ce le ripresenta sotto forma di incubi al fine di farci acquisire coscienza di tali realtà e prepararci mentalmente alle possibili eventualità.

Nel caso in cui tali pericoli siano percepiti come possibilità più
elevate avviene che l'inconscio si focalizza su tali argomenti
"tormentando" il sognatore con incubi ricorrenti, la cui ripetitività
ha volutamente lo scopo di aumentare il volume emotivo del
sognatore per allarmarlo su tale pericolo (probabilmente
imminente).

L'incubo di conseguenza non assume più un ruolo negativo, poiché
l'impatto negativo che tale sogno genera possiede invece una natura
benigna, ovvero quella di "spaventarci il tempo necessario da farci
prendere coscienza di cosa sta avvenendo o di cosa potrebbe
accadere nel mondo che ci circonda ed in definitiva a noi stessi",

5)RIVELAZIONE DI UN MALESSERE INTERIORE;
un elemento assolutamente degno di analisi degli incubi è il
presupposto che ne anticipa la comparsa; vediamo infatti come nel
periodo cosciente che precede gli incubi spesso vi sono degli
elementi comuni che a motivo della loro frequenza non possono
essere ignorati.

Ad esempio, notiamo che coloro che tendono a "peccare di
gozzoviglia", ovvero che tendono a mangiare molto cibo durante un
pasto (non parliamo di fare un semplice pasto abbondante ma
proprio di ingozzarsi con una quantità di cibo sproporzionata ad un
pasto definibile come normale) nel caso in cui si siano gravemente
appesantiti (ci riferiamo dunque a quella sensazione di estrema
pienezza percepita come soffocante e dolorosa, del tipo "ho
mangiato così tanto che fra poco scoppio!") dalla loro
consumazione, una volta preso il sonno (spesso tra un dolore di
stomaco e l'altro), con buona probabilità quello che vi susseguirà
sarà un incubo.

Una situazione simile si presenta anche durante periodi di malessere
passeggeri, come nel caso di febbre, dolori vari o influenza, periodi
nei quali durante il sonno spesso si verificano incubi, che a loro
volta tempestano il sonno del malato fino al momento in cui egli

inizia a guarire dal suo male o comunque fino alla conclusione del periodo di malattia, periodo in cui, secondo quanto trattato precedentemente, inizia a manifestarsi invece un altra tipologia di sogno chiamata **SOGNO DI GUARIGIONE**, ed è proprio nell'ipotetico rapporto tra questi due tipi di sogni che si alimenta questa tesi.

I sogni posseggono dunque lo scopo funzionale di informarci sulla condizione di salute che il nostro corpo o la nostra mente stanno vivendo utilizzando le varie tipologie di sogno in funzione della natura del messaggio da esprimere;

focalizzandoci sull'incubo avviene che, nel momento in cui una grave forma di malessere inizia ad affliggere la nostra persona il nostro inconscio ci comunica tale afflizione tramite l'uso di sogni dalla natura malevola così da informarci sulla nostra condizione (fungendo un po' come un sistema d'allarme e come una fonte di aggiornamento sullo stato della nostra salute) per poi essere sostituito in caso di guarigione per un sogno più adatto alla nuova condizione.

TERRORI NOTTURNI

Come abbiamo appena visto, gli **INCUBI** posseggono un diverso volume emotivo, ma fino a che punto un incubo può reggere il suo stesso volume emotivo?

È chiaro che tale carico sia limitato, e più esso aumenta, più il sogno inizia a destabilizzarsi, gli elementi che costituiscono il sogno iniziano a divenire meno chiari ed il sogno inizia a sfaldarsi e a crollare, finché non si raggiunge il punto di rottura,

momento nel quale il sogno si interrompe, causando un immediato risveglio traumatico del sognatore.

Quando un **INCUBO** causa tale risveglio, esso diventa un **TERRORE NOTTURNO**. Oltre ad un immediato risveglio ci sono anche altri elementi caratteristici di questo sogno. Esso è come se possegga un innata capacità amnesica;

il sognatore infatti, al suo improvviso risveglio non avrà alcun ricordo del sogno che lo ha afflitto (ipoteticamente potrebbe avere dei frammenti di ricordi ma sarebbe comunque da considerarsi un avvenimento raro, quasi una vera e propria eccezione), come avverrebbe nel caso di una amnesia causata da un trauma.

È possibile che ciò sia dovuto al fatto che il nostro inconscio, percependo il sogno da lui stesso creato come estremamente dannoso inneschi un meccanismo difensivo dove tale sogno da lui disegnato viene cancellato (espulso dalla nostra mente come se fosse un rifiuto o un errore) a motivo della sua elevata pericolosità (il sogno inizia quindi a crollare su se stesso).

Un altro elemento è il fatto che durante il risveglio lo stato emotivo sia estremamente sconvolto, come se avesse vissuto un trauma nel mondo reale (ricollegandoci al secondo elemento vediamo che l'assenza di ricordi del sogno indubbiamente può aiutare a riprendersi prima dallo schock causato dallo stesso; in tal caso possiede un valore molto più alto la frase che spesso viene usata in questi contesti "Tranquillo, è stato solo un brutto sogno!".

NOTA DELL'AUTORE

Per quanto, come appena esposto, i **TERRORI NOTTURNI** comportano un risveglio traumatico, sta di fatto (per fatto mi riferisco alle testimonianze oniriche narratemi) che a volte l'esperienza si conclude anche in maniera abbastanza positiva. Capita infatti che nel momento in cui il sognatore si renda conto che la terribile esperienza appena vissuta costituiva in realtà soltanto un sogno, lo stato di terrore del suo risveglio lascia il posto ad un profondo senso di pace e serenità (il mondo terrificante appena vissuto a confronto con una realtà meravigliosamente più bella).

RISVEGLI FELICI

Abbiamo visto in precedenza come il volume emotivo abbia un enorme impatto sia sul sogno che sul sognatore, questo però non riguarda esclusivamente i sogni ad impatto negativo ma anche quelli aventi un fondamento emotivamente positivo.
Si verifica infatti che alcuni sogni siano invece estremamente

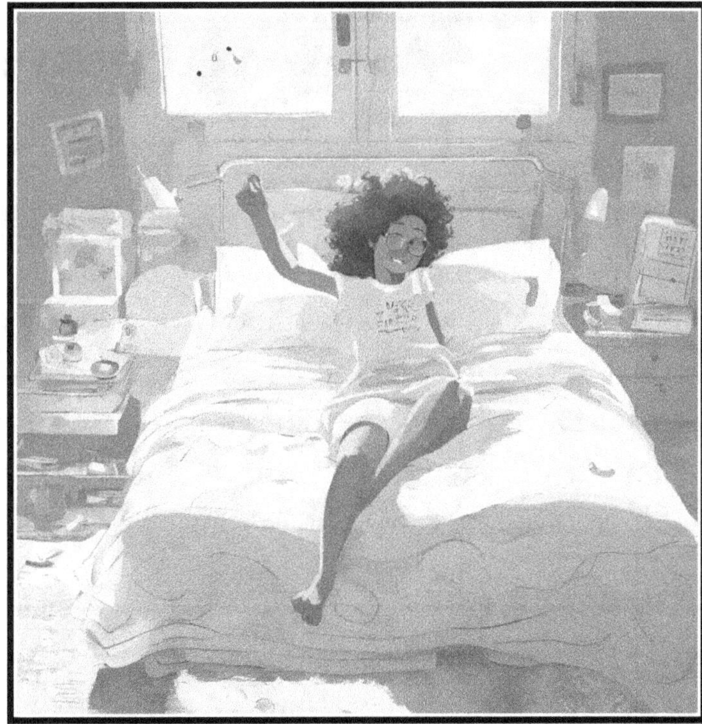

piacevoli, rendendo l'esperienza onirica estremamente soddisfacente.

Ma fino a che punto il nostro volume emotivo "positivo" può arrivare?

Esso in realtà segue la stessa dinamica dei **TERRORI NOTTURNI**;

vediamo così che i nostri sogni potrebbero infondere in noi un sentimento di gioia tale da portare il sognatore a svegliarsi con un profondo senso di pace, di serenità, di felicità o addirittura un risveglio animato da vere e proprie risate, ed è proprio quando avviene ciò che si parla di **RISVEGLI FELICI**.

A differenza dei terrori notturni però vediamo che in questi casi la memoria di tali sogni al risveglio tende ad essere scarsamente intaccata, rendendo la memoria del sogno di fatto abbastanza lucida da averne piena memoria (a differenza dei terrori notturni non vi è in questo caso una componente traumatica da dover affrontare con una strategia amnesica).

NOTA DELL'AUTORE

Volendo condividere con voi la mia esperienza personale, ho riscontrato che tali sogni si manifestano sempre (almeno nel mio caso) in momenti particolarmente bui della mia vita; momenti che necessitano l'immediata presenza di energia positiva che contrasti il malessere emotivo vissuto, il senso di vuoto interiore dovuto a situazioni apparentemente irrisolvibili (o comunque non risolvibili nel breve termine) e mi riporti in uno stato di equilibrio emotivo (potremmo interpretare dunque questo tipo di sogno come un regolatore emotivo con la funzione di contrastare il turbamento e rasserenare l'animo affranto del sognatore).

SOGNI AUDIO INDOTTI

In generale è comune percezione che durante il sonno l'individuo sia completamente estraniato dal mondo che lo circonda.

Questo però sarebbe davvero disastroso dal punto di vista evolutivo; vediamo infatti che, essendo l'Homo sapiens una creatura di origine selvatica, esso condivideva il suo habitat con un inquietante quantità di pericoli, molti dei quali (i predatori) si dedicavano alla caccia delle loro prede (uomo compreso) proprio durante il periodo notturno, ovvero quando l'uomo era impegnato a dormire;

di conseguenza è chiaro che estraniarsi completamente dal mondo esterno per 4-10 ore a notte in un contesto così pericoloso costituiva una pessima strategia di sopravvivenza.

Proprio in funzione di ciò vediamo invece che durante il sonno (anche nella fase REM) l'individuo non

perde mai del tutto la percezione del mondo esterno; in particolare
ci riferiamo alla percezione della luce, la percezione della
pressione, la termo percezione (sensi secondari), nonché il tatto ma
soprattutto l'udito, il quale (in teoria) ci permette di percepire
l'avvicinamento di un predatore prima che egli riesca a sferrare il
suo attacco.
Questa particolare funzione difensiva possiede un insolito effetto
collaterale:
avviene infatti che se durante la fase REM il nostro udito percepisce
dei suoni (ad esempio se ci si addormenta con la televisione ancora
accesa), essi, invece di causare il risveglio del soggetto dormiente,
possono essere assorbiti ed elaborati dal nostro inconscio andando
ad influenzare i nostri sogni o addirittura a elaborare nuovi sogni
basati sugli stimoli uditivi ricevuti (di conseguenza potremmo
anche provare a modificare i nostri sogni addormentandoci durante
l'ascolto di un determinato audio).

NOTA DELL'AUTORE

Vorrei ora condividere con voi due mie esperienze personali
inerenti tale tipologia al fine di esprimere tale sogno tramite
esempio concreto (la mia testimonianza):

1)pochi giorni prima della stesura di questa pagina mi capitò di
addormentarmi sul divano del soggiorno e durante il mio sonno
avvenne che nella stanza adiacente alla mia un familiare stava
vivendo una ricca e animata conversazione telefonica; al termine

di tale conversazione mi svegliò per narrarmi dell'avvenuta vicenda ed io sorprendentemente le spiegai dettagliatamente di cosa aveva parlato poiché l'avevo appena sognato, lasciando il familiare visivamente sconcertato (cosa che in realtà gli capita spesso quando si relaziona con me),

2)durante una funzione religiosa la scarsa eloquenza dell'oratore mi fece addormentare (in realtà ammetto che mi addormento spesso durante le funzioni religiose) e quando mi svegliai circa un ora dopo (a funzione quasi finita) mi ricordavo perfettamente delle vicende narrate durante i discorsi poiché nel sogno che avevo fatto mi ritrovavo insieme all'oratore nel contesto biblico che stava narrando con lui che me lo descriveva come una sorta di guida narrante (effettivamente questo rese quella funzione religiosa di incredibile intrattenimento ai miei occhi!)

Tali sogni possono manifestarsi anche in una sua variante tattile, dove la narrazione del sogno viene influenzata non dagli stimoli uditivi ma bensì da quelli tattili (potremmo nel caso definirli una sorta di "**SOGNI A INDUZIONE TATTILE**").

ULTIMO SOGNO

Parliamo ora di un sogno dalla natura davvero controversa, l'**ULTIMO SOGNO.**

Questo particolare sogno è stato ipotizzato sulla base delle esperienze pre-morte. Al termine del processo di morte (più precisamente ci rifacciamo a quella che viene definita "morte clinica", ovvero la cessazione delle attività respiratorie e cardiocircolatorie dell'organismo) molte persone (quegli individui in stato di morte clinica che vengono prontamente rianimati pochi minuti dopo il tragico evento) affermano di aver vissuto quelle che nel linguaggio comune sono da definirsi "Esperienze ai confini della morte".

Questa particolare esperienza ancora oggi non possiede una spiegazione unanime ed al fine di trovarvene spiegazione sono state create svariate interpretazioni, da quelle più mistiche e sovrannaturali, che vedono tale esperienza come una prova inconfutabile dell'esistenza della vita oltre la morte, a quelle più fisiche, che vedono questa esperienza come il prodotto di qualche meccanismo biologico.

Volendo per ipotesi avvalorare un interpretazione biologica (inclinandoci in questo caso più verso le scienze naturali che sovrannaturali), vediamo l'affermarsi di un nuovo tipo di sogno, l'**ULTIMO SOGNO.**

Secondo questa spiegazione avviene dunque che durante il processo di morte, la nostra mente crei un'ultima esperienza onirica, un ultimo viaggio nel mondo dei sogni prima di immergersi nell'ignoto abisso della morte.

Ma perché avverrebbe una cosa del genere?

Quale può essere lo scopo di un sogno avvenuto in punto di morte?

Andiamo a vedere ora le possibili spiegazioni:

1)È DIFFICILE DIRSI ADDIO;

come abbiamo visto in precedenza, in quanto "animali ragionevoli" possediamo solo parte della nostra mente (ovvero quella della coscienza); viceversa, esiste una parte di noi (l'inconscio) che è come una mente a parte, una parte di noi che fa parte di noi ma di cui non ne abbiamo il controllo (per certi versi è quasi come se ci fossero due menti dentro noi animali

ragionevoli, la mente animale e la mente ragionevole), e come abbiamo visto in precedenza, il sogno (quasi sempre creato dall'inconscio) costituisce proprio quella parte della nostra psiche che fa da ponte, connettendo questi due "emisferi mentali" opposti. In questa interpretazione (per certi versi più romantica che scientifica, ma assolutamente non di valore inferiore) vediamo come il nostro inconscio (che varie volte nel corso della vita ha cercato di connettersi con la nostra coscienza) decida di riconnettersi con noi un ultima volta, quasi come se fosse un modo per entrare in contatto con noi almeno un altra volta, dunque, un modo per "salutarsi", dirsi addio o arrivederci, a seconda di cosa vi sia dall'altra parte.

Di conseguenza l'inconscio crea un sogno di natura estremamente positiva (secondo quella che lui pensi sia la nostra percezione di meraviglioso) dove incontriamo tutte le persone a noi care, in una sorta di paradiso dove tutti stanno bene, sono sereni e felici (un modo davvero lieto di concludere la nostra vita) come se il nostro inconscio avesse voluto regalarci un lieto fine così da completare la nostra vita con un sorriso,

NOTA DELL'AUTORE

In merito a questa esperienza onirica è stato osservato però che non sempre chi vive un'esperienza simile riporta poi di essersi trovato in un luogo di pacifica beatitudine.

Un numero estremamente ristretto di soggetti riporta invece di essersi ritrovato in luoghi oscuri o dalle sembianze infernali (luoghi estremamente simili all'inferno di fuoco, credenza comune di molte culture), cosa che ovviamente si discosta dalla visione sopra descritta e dalla sua rispettiva interpretazione. In questo caso l'inconscio si mostrerebbe a noi forse come un nemico che (essendo stato eccessivamente represso da un atteggiamento di vita troppo razionale) deciderebbe così di ribellarsi a noi tramite questa lugubre visione o in alternativa cercherebbe tramite questa visione oscura e maligna semplicemente di comunicarci l'imminente stato di morte come a cercare di stimolarci a reagire alla nostra fine ormai evidente.

2)COLLASSO CEREBRALE;

provando ad analizzare la questione da un punto di vista puramente biologico vediamo come all'interno del nostro cervello siano contenute delle sostanze che vengono prontamente rilasciate al manifestarsi degli stimoli corretti. Una di queste particolari sostanze è la dopamina, che possiamo definire come un "mediatore del piacere e della ricompensa",

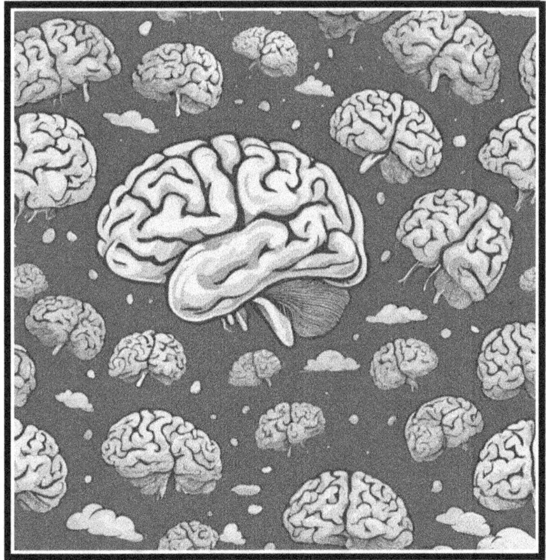

prodotto e custodito nel cervello e rilasciato con parsimonia come ricompensa a comportamenti positivi per l'individuo.

Durante il processo di morte si ipotizza che avvenga una sorta rilascio di tali sostanze (non vi è motivo di trattenere tali sostanze visto l'imminente morte oppure, in maniera automatica avvenendo il collasso del nostro cervello, quest'ultimo semplicemente non riesce più a trattenere tali sostanze), e nel caso della dopamina, avviene che il pieno rilascio di tutta la dopamina presente nel nostro cervello al momento della morte causi uno stato di grande euforia, beatitudine e concentrazione, quest'ultima, la

concentrazione, nella misura esposta porterebbe l'essere umano in uno stato profondamente meditativo, dove l'individuo, nel suo pensiero ormai morente, estrapola le informazioni mnemoniche a lui disponibili, pensieri che, sotto l'influenza dell'elevata quantità di dopamina rilasciata causano la formazione di una sorta di sogno o esperienza mistica carica di un senso di beatitudine trascendentale (come ad esempio una visione di un luogo simile ad un giardino paradisiaco oppure ad un luogo spirituale, dove si incontrano le persone a noi care, con una sorta di corpo fisico perfetto, ma anche in aspetto non fisico, come una sorta di angeli o spiriti, in un contesto di pace e felicità).

Non è mai stato del tutto chiarito se in questo sogno dopaminico i soggetti sono tutti persone che non esistono più oppure vi sono anche persone che nel momento della morte del sognatore sono ancora in vita.

È logico pensare che essendo la meditazione basata sui pensieri personali anche la visione onirica che ne consegue sia influenzata dalle personali credenze (il che potrebbe spiegare perché ad esempio una persona credente nella vita dopo la more abbia visione del paradiso o dell'inferno),

3)ALLUCINAZIONI;

rimanendo sempre all'interno dell'analisi naturale abbiamo visto che questo sogno avviene al compiuto processo di morte clinica, ovvero quando il sistema cardiocircolatorio e respiratorio collassano, impedendo così al corpo di ricevere l'ossigeno necessario alla sopravvivenza cellulare. Come sappiamo, la morte non costituisce un

fenomeno immediato per tutte le cellule; molte di loro infatti possono sopravvivere anche svariati minuti dopo la morte clinica (in alcuni casi si parla addirittura di ore!).

Nel nostro caso possiamo osservare come in assenza di rifornimenti di ossigeno e glucosio le cellule neuronali inizino ad addormentarsi nella morte dopo alcuni minuti, mentre quelle gliali (sempre facenti parte del sistema nervoso) riuscirebbero (ipoteticamente) a sopravvivere addirittura per delle ore.

Fatto interessante, vediamo come un effetto collaterale della mancanza di ossigeno nel cervello sia proprio la manifestazione di allucinazioni, prima di spegnersi del tutto.

Cercando ora di unire tali elementi al processo di morte clinica possiamo ipotizzare la seguente successione di eventi:

1)durante la morte clinica il cervello non riceve più adeguate quantità di ossigeno;

2)i neuroni in assenza di ossigeno iniziano rapidamente a morire;

3)durante tale breve periodo il cervello inizia ad avere delle allucinazioni;

4)sostanze come la dopamina vengono rilasciate nel cervello creando una sensazione intensa ed emotiva;

5)l'individuo prontamente rianimato dai soccorritori nei primi minuti successivi alla morte clinica ritorna lucido e nelle sue facoltà mnemoniche ricorda l'esperienza allucinogena appena vissuta,

4)TANATOSI CEREBRALE INVERSA;

un altra interpretazione possibile si ispira ad un comportamento presente nel regno animale, ovvero la tanatosi.
Secondo tale comportamento, un animale quando si sente minacciato da un predatore (non è ovviamente il caso di quel simpaticissimo cagnolino nella foto che ho messo solo per darvi un idea), reagisce al pericolo fingendosi morto (sperando che il predatore disdegnando le carogne lo lasci in pace).

In maniera simile si ipotizza che anche il cervello umano pratichi qualcosa di simile; quando il cervello percepisce la sua imminente morte attiva anch'egli un meccanismo difensivo dove però, invece di essere vivo e fingersi morto sta morendo e si sforza di fingersi vivo.

In tale ragionamento dunque la sensazione di pace, nonché la visione paradisiaca dell'individuo morente corrisponde semplicemente ad una reazione difensiva (se il mondo sta cercando di rendermi morto io reagisco cercando di essere vivo) con lo scopo di proteggersi dall'inevitabile nella maniera migliore (o forse è meglio dire più disperata) possibile.

Ovviamente tutte e quattro le ipotesi sono altamente suggestive e nonostante non sia possibile convalidarne una sulle altre (così come non è possibile garantire che non vi siano altre spiegazioni di tale fenomeno) bisogna considerare l'eventualità che in qualche modo possano essere vere tutte e quattro anche se la realtà è che probabilmente non lo sapremo mai!

Parlando di realtà...

LA REALTÀ È UN SOGNO

Arriviamo ora all'ultima tipologia di sogno della nostra lista ovvero la realtà stessa.

In alcuni casi (parliamo per altro proprio all'interno del contesto della filosofia dove il dibattito su questo sogno è ancora aperto) vediamo infatti che il divario tra la realtà di vita vissuta ed i sogni è assolutamente discutibile, portando quella che definiamo realtà ad essere anch'essa una forma di sogno:

1)IL VELO DI MAYA;

nel pensiero filosofico di Arthur Schopenhauer vediamo la presenza di un concetto molto particolare:
secondo tale pensiero nella vita dell'uomo è come se vi fosse una sorta di velo (inteso come un concetto metafisico e non come un letterale pezzo di stoffa) detto "Il velo di Maya".
Vi citerò ora un passo della sua opera "Il mondo come volontà e rappresentazione" (par.3) dove espone una descrizione alquanto elaborata e precisa di tale concetto:

"È Maya, il velo ingannatore, che avvolge gli occhi dei mortali e fa loro vedere un mondo del quale non può dirsi né che esista, né che non esista; perché ella (Maya) rassomiglia al **sogno**, rassomiglia al riflesso del sole sulla sabbia, che il pellegrino da lontano scambia per acqua; o anche rassomiglia alla corda gettata a terra che egli prende per un serpente".

Riassumendo in maniera più semplice questo concetto vediamo che (secondo questa interpretazione) la realtà per come la percepisce l'uomo è da definirsi un fenomeno, ed il fenomeno a sua volta è parvenza, illusione e **sogno.**
Dunque (sempre secondo questa interpretazione) la realtà che noi percepiamo non è diversa dai sogni notturni, ma è da definirsi come una versione cosciente di sogno che allontana dunque l'uomo dalla "vera" realtà (che Schopenhauer definisce "noumeno"), che si trova dunque al di là del velo dell'inganno e che il filosofo tramite la sua ragion critica ha il dovere appunto di "svelare",

2)**SOGNO DIVINO;**

l'ipotesi del sogno divino può essere definita come una variante più spirituale della teoria della simulazione.
Secondo tale teoria infatti **"la realtà non ha nulla di reale!"**, essa sarebbe infatti un sogno o una simulazione estremamente elaborata, creata da una intelligenza superiore per mezzo di sistemi tecnologici avanzati o poteri sovrannaturali.

Questa teoria deriva da correnti filosofiche ancestrali che mettono in dubbio la realtà in funzione di una visione più illusoria o comunque instabile del tutto.
Secondo tale ipotesi tutto ciò che costituisce la realtà, la nostra vita, le altre persone, il nostro pianeta e tutto ciò che fa parte del nostro universo, è in realtà un elaboratamente intricato sogno che una divinità (colui che gli antichi chiamavano il Creatore) sta compiendo in questo momento!
Ciò porterebbe inevitabilmente all'acquisizione di nuovi concetti esistenziali:

1)la realtà è un illusione,

2)l'universo è una creazione onirica,
sogno = universo,
sognare = creare,

3)la capacità dell'uomo di creare sogni deriva dal fatto che il creatore della nostra realtà è un sognatore e dunque riflette su di noi la sua stessa capacità di creare nuove realtà tramite il sogno.
Gli esseri umani sarebbero dunque una proiezione del Creatore stesso, fatti a sua immagine e somiglianza (come afferma anche il libro Genesi nella biblica),

4)tutto ciò che costituisce l'uomo altro non sarebbe che un PNG (personaggio non giocante) così elaborato da possedere una coscienza del proprio io (una sorta di intelligenza artificiale in chiave onirica),

5)come l'uomo che risvegliandosi distrugge la sua visione onirica, così anche il Creatore se dovesse risvegliarsi metterebbe fine al suo sogno (ovvero noi!).
La fine del mondo corrisponderebbe dunque al risveglio di Dio, e dunque, in qualunque momento Dio potrebbe svegliarsi e la realtà potrebbe svanire nel nulla, come avviene con un qualunque altro sogno.

NOTA DELL'AUTORE

L'ipotesi del sogno divino (cioè che la realtà attuale sia un sogno) costituisce per l'uomo un pensiero indimostrabile (parliamo di una teoria di livello 6, ovvero un ipotesi teorizzabile ma non confrontabile, ne modellizzabile, ne sperimentabile).
Essa comunque si basa su una verità logica, ovvero il fatto che comunque l'esistenza in qualche modo si ricollega al sogno (ne parliamo meglio nella riflessione dell'autore) e dunque costituisce un enorme stimolazione intellettuale poiché ci conduce ad avvicinare sempre più il sogno alla realtà, fino al punto di

sovrapporli rendendoli la medesima cosa, intensificando maggiormente il legame tra i due, cosa che ci porta a riesaminare la concezione del reale ed a rivalutare le basi fondamentali dell'esistenza stessa ("Cogito ergo sum", penso dunque sono, Cartesio)

RIFLESSIONE DELL'AUTORE:

In ogni caso, ricordiamoci che essendo questo universo frutto di un creatore (che lo si chiami Dio, El, YaWHeH, Geova, Allah, Creatore, Osservatore, Primo motore immobile o comunque l'uomo lo percepisca) possiamo dire senza dubbio che l'universo è frutto di un sogno (o pensiero, osservazione, idea) divino (la questione è capire se quello che siamo agli occhi di Dio è un sogno ancora da realizzare oppure un sogno che si sta già realizzando).
Per concludere questa parte, possiamo dire che l'universo stesso è la prova di quanto incredibili i sogni possano essere, poiché è dai sogni che nasce la realtà, poiché è da un sogno che tutti noi siamo stati tratti!

"Noi siamo fatti della stessa sostanza dei sogni, e nello spazio e nel tempo d'un sogno è raccolta la nostra breve vita"
(William Shakespare, La tempesta)

RIASSUNTO

In conclusione è per me dovere ricordare che essendo i sogni una creazione della nostra mente, essi sono potenzialmente infiniti ed è dunque impossibili classificarli tutti.

In ogni caso è bene ora concludere questo punto del nostro viaggio riassumendovi le tipologie oniriche affrontate e presentandovele nella seguente tabella:

TIPOLOGIE DI SOGNI

SERIE DI SOGNI

Concatenazione di sogni che sviluppano una narrazione

SOGNI RICORRENTI

Un sogno che viene ripetuto nel tempo

SOGNI LUCIDI

Sogni dove sei cosciente di star sognando

SOGNI PRECOGNITORI

Sogni che prevedono il futuro

SOGNI RIVELATI DA DIO

Sogni la cui ispirazione viene da Dio o dal mondo spirituale

SOGNI DI GUARIGIONE

Sogni che rivelano un imminente miglioramento dello stato di salute

SOGNI BAGNATI

Sogni dalla componente erotica o comunque dal contenuto sessuale

SOGNI DI COMODITA'

Sogni che mostrano i nostri bisogni fisici e psicologici

TIPOLOGIE DI SOGNI

SOGNI VIVIDI

Sono sogni i cui elementi sono estremamente dettagliati

SOGNI CONDIVISI

Sogni vissuti contemporaneamente da più onironauti

SOGNI D'ATTRAZIONE

Sogni che ti uniscono alla tua anima gemella

INCUBI

Sogni dal contenuto terrificante

TERRORI NOTTURNI

Sogni dal contenuto così terrificante da causare il risveglio del sognatore

RISVEGLI FELICI

Sogni dalla natura benigna che causano il risveglio

SOGNI AUDIO INDOTTI

Sogni creati dalla percezione uditiva esterna durante il sonno

ULTIMO SOGNO

Sogno che si vive durante il processo di morte clinica

LA REALTA' E' UN SOGNO

Tutto ciò che esiste(universo) è in realtà un sogno fatto da una divinità dormiente

GLI ANIMALI SOGNANO?

Passiamo ora ad un argomento spinoso, complesso ma che incuriosisce davvero molti: le capacità oniriche degli animali. Rispondere ad una domanda del tipo "gli animali sognano?" non è per nulla una questione semplice! Notiamo infatti che a motivo della nostra comune percezione vediamo in generale gli animali come un insieme di individui abbastanza contenuto, con poche centinaia di specie, quelle che in generale si conoscono tramite l'industria dell'intrattenimento (film, giochi, giardini zoologici, ecc.) e che vengono utilizzati da tale industria spesso in funzione delle preferenze del pubblico (anche se esistono ovviamente programmi educativi che ampliano la nostra percezione del mondo naturale).

Studiando le scienze naturali possiamo notare invece come il mondo degli animali costituisca un regno vitale estremamente vasto e variegato, che conta (secondo la tassonomia attuale) oltre 1.800.000 specie.

Osservando le tracce fossili a noi pervenute ed analizzandole in funzione dei principi di biogenesi e di speciazione possiamo osservare come gli innumerevoli organismi animali attualmente esistenti derivino da forme precedenti, fino ad arrivare ai primi animali pluricellulari, comparsi indicativamente tra i 600 ed i 500

milioni di anni fa e sviluppatisi a loro volta da forme animali ancora
più semplici.

Gli animali attuali derivano infatti da organismi unicellulari che, aggregandosi in colonie per sopravvivere, hanno iniziato a legarsi tra loro (un po' come fa oggi il sifonoforo gigante, solo che a livello cellulare) in modo da creare una sorta di super cellula composta da più cellule generiche unite tra loro (cellule che successivamente inizieranno a specializzarsi portando alla nascita degli organismi pluricellulari veri e propri).

Possiamo dire che (indicativamente) questo è stato il primo animale (o più precisamente cellula animale) della storia e lo possiamo collocare ipoteticamente tra 800 milioni ed 1 miliardo di anni fa.

Altro elemento importante è il fatto che il processo evolutivo sia catalizzato dalle brevi aspettative di vita di un organismo; se infatti una specie possiede una bassa aspettativa di vita avverrà inevitabilmente che in un periodo di tempo molto breve si susseguiranno una quantità imponente di generazioni, di conseguenza, la ricombinazione genetica causata dalla selezione sessuale avverrà in molto meno tempo rendendo il percorso evolutivo di quella specie estremamente più ricco di individui e di mutazioni, in parole più semplici, gli animali che vivono poco (a parità di stimolazione ambientale e catalizzazione evolutiva) possono evolversi (e spesso succede) più velocemente richiedendo meno tempo al processo di speciazione.

Essendo che delle 1,8 milioni di specie attualmente conosciute circa l'80% appartiene alla classe degli insetti, i quali spesso hanno aspettative di vita molto breve (ad esempio una mosca domestica, la comune mosca che di solito ci rovina sempre i pranzi all'aperto, possiede in media un ciclo vitale di solamente 1 mese) è chiaro che nel percorso evolutivo del mondo animale vi sia stata una quantità di specie animali immensa (si stima che le specie attualmente esistenti costituiscano circa l'1% di quelle realmente esistite sul pianeta terra).
Dobbiamo inoltre tenere conto di un dettaglio molto rilevante:

nella cultura abramitica, le religioni monoteiste ed i testi sacri bahaismici, islamici, cristiani, samaritani ed ebraici contengono nel loro vasto bagaglio culturale un libro chiamato "il libro della storia di Adamo" (citato per la prima volta nel libro della genesi, al capitolo 5, versetto 1) il quale ci insegna che tutti gli esseri umani attuali discendono da un antenato comune (chiamato Adamo, dall'ebraico "'Ādam", ovvero "uomo") che secondo Genesi, capitolo 2, versetto 7, è stato "formato dalla polvere" (non sappiamo precisamente se in senso letterale o puramente simbolico anche se in ogni caso è comunque corretto dire che l'uomo è polvere), il ché (nel caso in cui Adamo venga dunque interpretato come il primo essere umano mai esistito) indica inevitabilmente che non esiste alcun legame di parentela tra l'uomo (o almeno tra gli adamiti) e le altre forme di vita.

Nonostante questa visione sia largamente diffusa in tutto il mondo (ovviamente anche in tante altre culture l'uomo non viene collegato ad altre forme di vita ma bensì ad un intervento diretto da parte del sovrannaturale), sta di fatto che parallelamente all'Adamo biblico (il primo essere umano a immagine di Dio, imparentato con tutti gli esseri umani attualmente in vita), vediamo che esistevano altri

esseri umani della specie sapiens (anche loro nostri antenati) che discendevano a loro volta da altre specie umane (anche se in natura le specie non esistono possiamo comunque dire che tassonomicamente le specie umane tutt'ora ritrovate sono circa una ventina e spesso molto diverse dal nostro modo di essere umani) fino ad arrivare agli australopitechi (e anche ai keniantropi se teniamo conto di una possibile convergenza evolutiva) che (nelle loro fattezze ominidine) appartengono al mondo animale, di conseguenza, arriviamo all'ormai chiara conclusione (sostenuta dall'attuale pensiero scientifico naturale) che l'uomo (il genere Homo) al pari di uno scimpanzé, un gorilla o un bonobo è a tutti gli effetti una scimmia antropomorfa (Hominidae), dunque (per sillogismo aristotelico) possiamo concludere senza problemi che l'uomo è a tutti gli effetti un animale, quindi possiamo rispondere già da ora affermando che (nel caso almeno della nostra specie) si, gli animali sognano!

Per altro (cosa assolutamente da tenere in considerazione) abbiamo visto come alcune delle credenze culturali preistoriche, in particolare l'idea della vita dopo la morte, derivino dal fatto che gli uomini preistorici sognavano i loro cari defunti (cosa che provava dunque che i defunti continuassero a vivere su di un altro piano della realtà) il che portava alla necessità di avere cura delle salme, seppellendole insieme ai loro effetti personali, i quali sarebbero serviti per affrontare la vita nell'aldilà.

Cosa estremamente importante è stato il ritrovamento di un ominide chiamato Homo naledi (appartenente alla famiglia umana ma a volte non identificato come umano per via delle sue particolari caratteristiche anatomiche) vissuto circa 300.000 anni fa (approssimativamente il periodo in cui comparvero gli uomini di Neanderthal e i sapiens).

Tale essere umano seppelliva i suoi defunti (anche se vi è ancora controversia scientifica sulle prove di tale comportamento) con molta cura e li forniva degli oggetti che usavano in vita e che dunque gli sarebbero serviti nella vita dopo la morte, il che, secondo alcuni, indicava una forma di religione ed in ogni caso la credenza da parte di questi ominidi di una dimensione extra fisica (che come abbiamo visto viene creata come spiegazione dei loro sogni), dunque abbiamo motivo di ritenere che anche questi esseri umani come noi sognassero (o come minimo sognassero i loro cari defunti), portando indubbiamente le capacità oniriche al di là della sola specie sapiens.

Cosa ancor più sbalorditiva è il fatto che l'Homo naledi avesse molte caratteristiche in comune con il genere Australopitecus (per riprendere la letteratura scientifica di fine 800, sembrerebbe quasi il famoso "anello mancante" tra l'uomo e la scimmia, che però oggigiorno è considerato un argomento scientificamente obsoleto), tra le quali un cervello di dimensioni estremamente ridotte rispetto al sapiens, il che testimonia che anche una creatura (passatemi il termine) con un "cervello da scimmia" (dunque un cervello sviluppato ma ridotto in dimensione rispetto a quello dell'uomo) era in grado di sognare, a ulteriore testimonianza del fatto che il sogno non costituisce necessariamente una caratteristica univoca dell'uomo e che vi sono dunque comportamenti condivisi sia da noi che dagli altri animali.

Ovviamente però, se è vero che l'uomo si comporta come alcuni animali e dunque alcuni animali si comportano come l'uomo...ciò non significa che vivano le stesse esperienze oniriche dell'uomo, perciò (escludendo il genere Homo) la questione rimane comunque aperta!

Tenendo conto conseguentemente dell'enorme percorso evolutivo che hanno vissuto gli organismi viventi e delle innumerevoli forme e caratteristiche che hanno acquisito possiamo senza dubbio affermare che non può esistere una risposta univoca per tutti gli organismi animali ma bisogna bensì analizzare caso per caso.

Per affrontare in maniera efficiente quest'analisi è assolutamente necessario per noi stabilire dei parametri di base per rispondere a tale quesito…

DI COSA HA BISOGNO UN ANIMALE PER POTER SOGNARE?

Partiamo dall'inizio...come prima cosa vi è bisogno di un sistema nervoso, il che, per essere presente, richiede che l'organismo non solo sia pluricellulare ma possieda anche delle cellule specializzate che, relazionandosi tra loro formino degli organi la cui collaborazione costituisce appunto un sistema ordinato. Questo significa

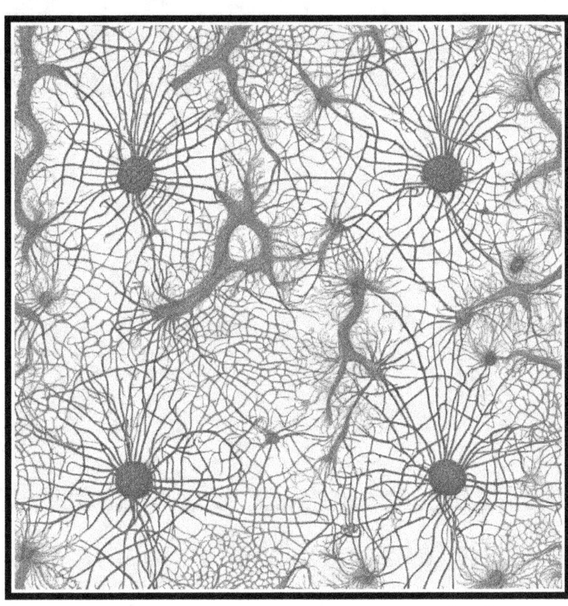

inevitabilmente che gli organismi più semplici non sono in grado di sognare perché semplicemente non hanno una struttura in grado di compiere tale funzione.

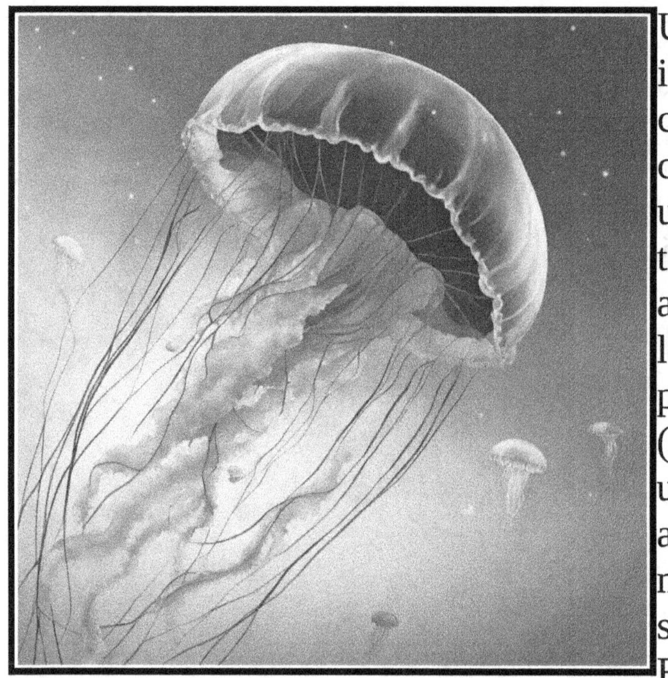

Un altro elemento importante riguarda la capacità stessa di dormire, che a quanto pare non è uniformemente distribuita tra tutti i viventi, dunque, animali come ad esempio le meduse o organismi pluricellulari primitivi (che si sostiene abbiano un periodo di riposo o di attività a bassa frequenza ma non un vero e proprio sonno con tanto di fase REM) non possono sognare, a meno che non sognino ad occhi aperti (cosa comunque a loro non possibile per le altre questioni analizzate). Passando ora agli animali più complessi vediamo il presentarsi di un ulteriore complicazione.

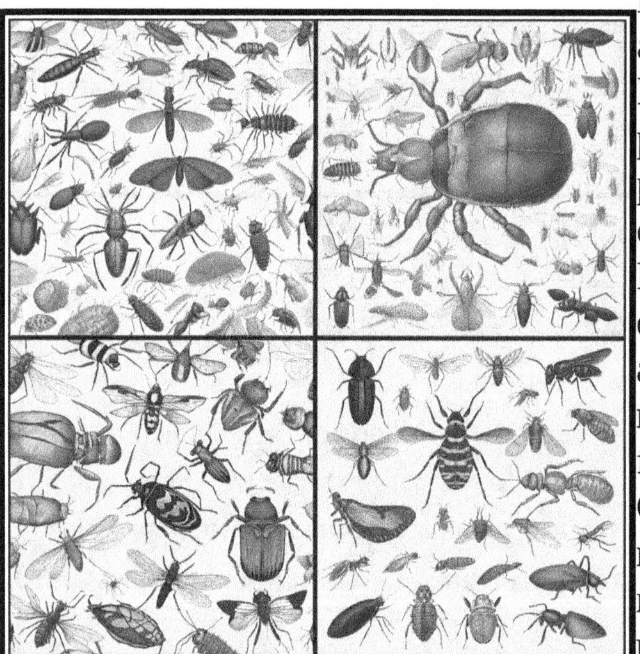

Possiamo notare ad esempio la presenza di artropodi con un sistema nervoso estremamente funzionale.
Come abbiamo visto però non basta avere un sistema nervoso ma c'è bisogno di un sistema in grado di sviluppare dei veri e propri pensieri, ovvero di elaborare informazioni acquisite dall'esterno ed

usarle per costruire una nuova informazione (come ad esempio scegliere da quale parte andare), ed oltre a questo c'è bisogno anche di un sistema inconscio in grado di elaborare emozioni, sensazioni e sentimenti.

Vediamo ora che è stato riscontrato (parliamo di un esperimento condotto in Francia da un gruppo di studiosi del laboratorio d'etologia e cognizione animale di Tolosa), nel caso degli insetti (più precisamente l'esperimento è stato condotto sulle api), che alcune api (circa il 70% di quelle usate nell'esperimento) siano state in grado di associare elementi visivi (colori e linee) alla direzione giusta da seguire per raggiungere le sostanze zuccherine da loro ambite e che abbiano ripetuto tale comportamento nel tempo dimostrando dunque di possedere capacità mnemoniche (la capacità di acquisire e conservare informazioni) e capacità decisionali

(elaborare le informazioni sviluppando un proprio pensiero, in questo caso una loro scelta) per poi ripeterle anche in seguito (aver memoria delle scelte prese in passato e ripeterle).

Oltre a ciò vediamo che anche altri artropodi oggetto di studi come i ragni abbiano mostrato in funzione di

determinati stimoli comportamenti legati alla paura, indicando così la presenza di emozioni, istinti e dunque di una sorta di inconscio primitivo.

Inoltre dobbiamo tenere conto di alcuni studi sul sonno delle mosche (ricerche in merito alla capacità degli insetti di dormire) che hanno dimostrato (o almeno questi sono stati i risultati della ricerca) come le mosche posseggano fasi di riposo leggero che nel tempo (durante il riposo) si convertono in una forma di riposo più profonda che limita drasticamente la percezione del mondo che le circonda, cosa che (a detta degli osservatori) non indica semplicemente una bassa attività ma un vero e proprio sonno (quelle mosche stavano dormendo!).

Unendo tutti gli elementi analizzati fin'ora vediamo come anche animali di piccola entità come gli artropodi (che comunque costituiscono la stragrande maggioranza degli animali esistenti) posseggono tutte le caratteristiche necessarie per sognare.

Dunque gli insetti sognano?

I ragni hanno gli incubi?

E poi che cosa dovrebbe sognare una mosca?

Tutte queste sono domande che purtroppo non hanno ancora una risposta definitiva (anche se a mia analisi critica, direi che abbiamo già abbastanza indicazioni per poter affermare con vigore che sia proprio così); gli elementi analizzati dunque suggeriscono la reale possibilità che ciò avvenga per davvero, ma non essendo possibile analizzare in maniera diretta le (chiamiamole) "attività psichiche degli artropodi" non possiamo trovare definitivamente una risposta a questa domanda.

NOTA DELL'AUTORE

È doveroso per me evidenziare (per onestà intellettuale) che durante le mie ricerche ed i miei studi varie volte mi confrontai (da filosofo amante delle scienze naturali) con scienziati naturalisti in merito alle facoltà mentali e alle capacità oniriche degli animali (in particolare parlammo dei ragni, degli insetti e dei pesci).

Essi affermarono che tali capacità non erano presenti negli animali osservati, i quali (secondo il loro parere professionale) "Non posseggono un cervello pensante!"

Secondo tali scienziati il cervello animale è piuttosto una sorta di banca dati che possiede già immagazzinati tutta una sorta di comportamenti istintivi, non elaborati e non acquisiti (cosa che ovviamente se fosse vera renderebbe inutile o addirittura fuorviante il ragionamento appena esposto).

Per citare testualmente:

"Tali animali sono come robot, che agiscono meccanicamente, senza avere alcuna idea di cosa stiano effettivamente facendo!"

Personalmente (sulla base dei miei studi in merito le scienze naturali ed in particolare l'etologia) non posso che dissociarmi da affermazioni così semplicistiche, identificandole come ragionamenti chiaramente obsoleti, tipici dell'antropocentrismo che continua a distinguere l'uomo dall'animale, andando così a rinnegare a priori la possibilità che quelle caratteristiche che ci rendono umani non siano realmente una prerogativa esclusiva delle specie umane ma bensì caratteristiche comuni di molti viventi.

A motivo delle chiare difficoltà presenti nell'esaminare la presenza di onde cerebrali durante le fasi del sonno animale chiediamoci: esiste un modo (senza dunque l'utilizzo di particolari apparecchiature scientifiche) all'interno del metodo osservativo per verificare che un individuo stia effettivamente sognando?

Effettivamente vediamo come in alcuni individui vi siano delle disfunzioni del sistema nervoso che si presentano durante le fasi del sonno.

Quando un individuo dorme, il sistema nervoso limita gli stimoli inviati all'apparato locomotore, così da evitare che il corpo, muovendosi nel sonno, si metta in situazioni di pericolo.

Questo avviene anche (e soprattutto) durante le fasi del sogno; se ciò non accadesse infatti, avverrebbe che l'individuo compirebbe nella vita reale gli stessi movimenti che sta compiendo nel sonno, cosa che nel caso di un sistema nervoso perfettamente funzionante non avviene.

Viceversa vediamo che gli individui che presentano delle disfunzioni nervose hanno problemi a reprimere questi stimoli motori, di conseguenza tendono a ripetere nel mondo reale gli stessi movimenti che stanno compiendo nel sonno (se ad esempio stanno sognando di stringere qualcosa tra le loro braccia, inizieranno a stringere tra le loro braccia il cuscino o qualcosa a loro vicino, se stanno sognando di dare un calcio ad un pallone, tireranno un calcio mentre sono nel loro letto); questi fanno parte dei movimenti involontari del sonno.

Osservando gli animali a noi più vicini, ovvero i nostri animali domestici (quindi cani, gatti, cavalli, topolini, ecc.) noteremo che alcuni di loro effettivamente compiono tali movimenti (mordono, fanno versi, muovono la coda come se fossero felici o spaventati, muovono le zampe come se stessero correndo, ecc.) indicando così la presenza di esperienze oniriche attualmente in corso da parte del nostro cucciolo, per poi (cosa che però non succede sempre) svegliarsi di soprassalto e guardarsi

intorno con aria confusa,
disorientata o addirittura
spaventata, come se
(nello stesso modo degli
uomini preistorici citati
a inizio libro) fossero
stati da qualche parte in
qualche lontano posto

per poi ritrovarsi di nuovo improvvisamente nel luogo dove ci si era
addormentati, cosa che diventa perfettamente spiegabile in una
chiave di lettura onirica; un animale (o comunque la maggior parte
di loro) che sogna non è cosciente dell'esistenza dei sogni, perciò se
sta sognando, vive il sogno come un qualcosa di reale e svegliarsi di
soprassalto significherebbe per lui trasportarsi immediatamente da
una realtà ad un altra, cosa che spiegherebbe quello stato di
confusione iniziale; per altro anche nel caso delle mosche di cui
abbiamo parlato prima è stato riscontrato un movimento delle
zampe durante il sonno; che queste mioclonie notturne siano in
realtà una prova che anche le mosche sognano?
Passiamo ora all'ultima questione del nostro argomento; abbiamo
visto come (nel caso dell'uomo) il sogno in generale ha origine nel
nostro inconscio ma si relaziona anche con il nostro io, il che
indicherebbe la necessaria presenza (anche solo per alcuni tipi di
sogno) di una coscienza.
Se questo presupposto fosse confermato (cosa che affronteremo
meglio nella parte inerente al perché sogniamo) bisognerebbe
chiedersi:
gli animali hanno la coscienza?
Vediamolo insieme…

LA COSCIENZA ANIMALE

Come abbiamo visto in precedenza la coscienza è la consapevolezza della propria esistenza, il che porta conseguentemente all'esistenza di un proprio io pensante, ma come possiamo appurare la presenza di tale coscienza in un'animale? Effettivamente esiste un esperimento che permetterebbe di verificarne la presenza: un pensiero della logica attuale sostiene che chi è consapevole della propria esistenza è anche in grado di riconoscersi davanti ad uno specchio, di conseguenza avviene che se si applicasse una pittura sul viso dell'animale e l'animale (invece di reagire in maniera istintivamente aggressiva) si soffermasse su quella macchia, ciò indicherebbe che quell'animale è consapevole di se e possiede dunque una sua forma di coscienza.

Effettivamente è stato riscontrato che alcuni animali (in particolare scimmie antropomorfe come gorilla, bonobo, scimpanzé e orango) sono in grado di superare abilmente tale test come testimonianza di una loro coscienza.

Ovviamente la mancata riuscita di tale esperimento non significa necessariamente che l'individuo non possieda una coscienza poiché potrebbe essere che non è in grado di esprimerla a livello visivo o tattile (per altro bisogna notare che gli animali che spesso risultano sporchi, come molti animali selvatici, non hanno particolare premura di togliere una macchia dal loro viso o magari possiedono difficoltà nel farlo, non avendo le mani come i primati), infatti si ipotizza (entrando nell'ambito etologico) che la coscienza sia un bisogno sociale legato alla necessità dell'individuo di trovare il suo ruolo all'interno del gruppo, il che indicherebbe che (ipoteticamente) anche le forme animali più antiche (come vertebrati e artropodi vissuti centinaia di milioni di anni fa) abbiano avuto una forma primordiale di coscienza per necessità sociale, dunque anche animali come gli insetti (che come abbiamo visto in precedenza, possiedono una loro forma di intelligenza decisionale) avrebbero anche loro una loro forma di coscienza.

NOTA DELL'AUTORE

Dobbiamo tenere presente inoltre che l'intelligenza di una specie non è uniformemente distribuita all'interno della stessa. L'intelligenza infatti non dipende esclusivamente dal potenziale del cervello ma dal modo in cui il cervello è stato stimolato nelle fasi precedenti l'età adulta (peraltro è il principio base del vecchio detto "non si possono insegnare nuovi trucchi a un vecchio cane"), di conseguenza, come nel mondo esistono esseri umani "intelligenti" ed esseri umani "stupidi", così esistono anche animali della stessa specie "intelligenti" e anche "stupidi".

Oltre a questo è doveroso ricordare quanto lo stress, la stanchezza, la paura o in generale il volume emotivo possano influenzare negativamente le nostre facoltà mentali, così che un animale intelligente ma spaventato non sia in grado di mostrare la sua intelligenza.

Anche io personalmente devo ammettere che a volte, al termine dei turni di notte, ero così stanco e assonnato per via del lavoro notturno che vedendo il riflesso della mia schiena nelle finestre, in un primo istante non mi accorgevo che quello era il mio maglione e che dunque quella figura era solo il mio riflesso in lontananza.

Mettendo insieme tutti gli elementi trattati fino ad ora possiamo concludere che la maggior parte degli animali possiede tutto il necessario per sognare, che i mammiferi e gli artropodi osservati mostrano durante il sonno comportamenti perfettamente compatibili con quelli di un sognatore, e che gli ominidi del genere Homo sono assolutamente in grado di sognare, dunque in conclusione:
SI, gli animali (o comunque parte di loro) sognano, e più la specie è intellettivamente complessa, più la probabilità che l'animale sia in grado di sognare diventa una certezza!
Avendo parlato in precedenza delle necessità di un individuo ci viene da chiedere:
Perché sogniamo?
Quale è la necessità che soddisfa il sogno?

PERCHÉ SOGNIAMO?

Abbiamo visto nelle fasi precedenti del nostro viaggio quanto i sogni possano essere complessi e come essi abbiano avuto un posto rilevante nella storia umana...viene conseguentemente normale chiedersi "Ma dove porta tutto ciò?", "Quale è il senso di tutto questo?", "Esiste davvero un significato o è semplicemente frutto del caso?", per riassumere in poche parole, perché sogniamo? Parlando in senso critico, vediamo che dal punto di vista delle scienze naturali non vi è una risposta definitiva; alcuni studi provano a spiegare il sogno come un qualcosa di meccanico; secondo tale interpretazione i sogni sarebbero una conseguenza dei processi inerenti alle nostre capacità mnemoniche; durante il processo di immagazzinamento delle nuove informazioni acquisite durante il giorno avverrebbe che parte di quelle informazioni sfuggirebbero a tale processo rimescolandosi tra di loro in maniera puramente casuale e priva di alcuna logica.
Tale spiegazione però non costituisce una verità di fatto ma bensì una possibile interpretazione (per altro parliamo di una tesi ricca di forti lacune funzionali), quello che sta di fatto è invece che non esiste una spiegazione univoca a tale fenomeno da parte della scienza, ed anche se esistesse non costituirebbe una verità assoluta (ricordiamo infatti che la "verità" scientifica, come ogni forma di verità umana, è una verità relativa e dinamica, frutto di opinioni professionali ma soggettive, e non deve essere considerata una verità dogmatica o assoluta, ma di questo magari ne parlerò meglio in un altra opera).
In ogni caso possiamo comunque provare a rispondere a questa domanda analizzando la questione filosoficamente (ricordiamo infatti che la verità delle cose è l'essenza delle cose stesse, è contenuta in tutte le cose ma soprattutto, ogni verità in quanto tale

possiede una sua logica ed è dunque dimostrabile per mezzo della logica stessa).
Un principio filosofico ci insegna che:

"Per capire dove stiamo andando dobbiamo prima capire da dove stiamo venendo".

Il che, applicato al nostro caso specifico significa che per comprendere lo scopo ultimo dei sogni bisogna necessariamente analizzarne la loro origine, così da coglierne l'obiettivo ultimo in funzione della loro fonte creatrice, dunque, se noi analizziamo tale percorso di sviluppo riscontreremo che:

i **nostri sogni** vengono prodotti dalla **nostra mente**,
la **nostra mente** viene prodotta dal **nostro cervello**,
il **nostro cervello** viene prodotto dalla **nostra biologia** e
la **nostra biologia** è un prodotto dell'**evoluzione**.

Il che (sintetizzando il ragionamento appena fatto) ci porta a comprendere per logica che i **sogni** sono un prodotto dell'**evoluzione**, ed è dunque nell'evoluzione che hanno origine e in funzione della logica evolutiva che conseguono il loro scopo.
Andiamo ora a vedere nel dettaglio questa logica...

I SOGNI SONO UN PRODOTTO DELL'EVOLUZIONE

Facciamo ora un breve riassunto di cosa sia l'evoluzione così da garantire a ogni lettore il bagaglio di informazioni necessarie a poter comprendere correttamente il rapporto tra il senso logico dei sogni e l'evoluzione stessa.

L'evoluzione è un fenomeno naturale che viene osservato per la prima volta nel XVII secolo per poi essere teorizzato la prima volta nella prima metà del XIX da Jean-Baptiste, cavaliere di Lamarck. Lamarck basava la sua teoria su una legge, ovvero l'ereditarietà dei caratteri acquisiti, che a sua volta si collegava alla "legge dell'uso e del non uso"; ora, per quanto noi sappiamo che la spiegazione del fenomeno dell'ereditarietà dei caratteri acquisiti tramite questa legge è scientificamente obsoleta poiché non è possibile trasferire caratteristiche fisiche acquisite (nel caso delle forme di vita più semplici è comunque possibile la trasmissibilità genica orizzontale, quindi modificare il loro DNA durante la loro singola vita) in una singola vita nella nostra prole (quello che noi trasferiamo è dunque solo il nostro DNA già completo) vediamo che, nonostante questo, all'interno di questa legge è presente un principio che è tutt'ora valido;
ricordiamoci infatti che la legge in senso più generale si definisce come l'applicazione di un principio generico in un contesto specifico, ed il fatto che una legge non sia corretta o sia scientificamente obsoleta non significa che anche il principio dal quale essa è stata tratta sia obsoleto o comunque erroneo (dobbiamo considerare dunque la possibilità di un applicazione scorretta di tale principio), infatti vediamo che se usiamo i parametri temporali esposti da Lamarck (da padre/madre in figlio/a) il fenomeno esposto non si presenta, ma se ampliamo il periodo temporale a più individui di un unica discendenza (parliamo di migliaia o addirittura milioni di individui), andando dunque oltre la breve logica lamarckiana, vediamo che tale fenomeno (l'ereditarietà dei caratteri acquisiti) in un certo senso si presenta e con degli sviluppi interessanti.
Come ben sappiamo, il nostro corpo è composto da vari aspetti e svariate caratteristiche fisiche.
Tali caratteristiche vengono sfruttate o meno dall'individuo e in funzione delle necessità di sopravvivenza (vengono dunque

sfruttate a seconda delle necessità ambientali e degli stimoli che l'ambiente richiede per la sopravvivenza dell'individuo), di conseguenza all'interno di un gruppo si creano una miriade di combinazioni comportamentali (dovute alle scelte individuali di ogni soggetto) dove ci sono individui di una stessa specie che però, pur avendo le stesse caratteristiche, le sviluppano in maniera diversa lungo le loro rispettive discendenze, causando nel lungo periodo un diverso sviluppo del pensiero animale, del comportamento e addirittura delle loro tendenze di personalità (ricordiamoci che tutto questo porta allo sviluppo degli **"istinti acquisiti"** e tali istinti, se verificatisi di discendente in discendente, entrano nel tempo sempre più negli schemi comportamentali innati di tale discendenza trasformandosi nel corso di milioni di discendenti da istinti acquisiti in veri e propri **"istinti innati"**). Tali caratteristiche sviluppate vengono costantemente provate dalla "selezione naturale" (ci addentriamo così nella teoria di Darwin), di conseguenza gli individui che usufruiscono di tali caratteristiche in maniera corretta riescono a prosperare nel loro ambiente e la discendenza di coloro che riescono ad affrontare meglio le sfide del loro ambiente, riesce a diffondersi e a proliferare nel territorio per mezzo della "selezione sessuale" (la scelta da parte di una femmina o comunque di un organismo sessuato di riprodursi con un determinato partner in funzione delle sue buone qualità). Passando poi al lato genetico della nostra analisi (entriamo così nella teoria sintetica), è chiaro che ogni **caratteristica trasferibile** di un individuo verrà infusa nella propria discendenza tramite la ricombinazione genetica con il suo partner, il che significa che ci saranno delle informazioni genetiche che inizieranno ad avere un ruolo sempre più marcato nel nostro DNA a discapito di altre (ricordiamoci i geni dominanti e recessivi di Gregor Mendel). Questo sviluppo di determinate caratteristiche porta inevitabilmente la discendenza a specializzarsi in una determinata direzione (il suo percorso evolutivo), ed è qui che introduciamo (altro concetto darwiniano) il principio dell'equilibrio morfologico (detto anche principio della correlazione dello sviluppo).

Secondo tale principio, al fine di migliorare l'efficienza di un individuo (non stiamo parlando di una legge biologica obbligatoria ma di un principio basato sulla necessità di sopravvivere, esistono anche rari casi di organismi che non hanno applicato pienamente tale principio nella loro biologia) ogni singola caratteristica del corpo deve essere in armonia con tutte le altre (quasi come in un rapporto di simbiosi dove dalla collaborazione delle varie parti del corpo ne consegue come beneficio comune la sopravvivenza dell'individuo stesso) di conseguenza, quando un individuo, di una discendenza o in generale di una specie, sviluppa una determinata caratteristica (specializzando così il suo percorso in una determinata direzione) ogni parte del suo corpo dovrà adeguarsi a tale sviluppo, sostenendo così il percorso di specializzazione della specie e permettendo la massima efficienza della discendenza prodotta.

Un esempio davvero singolare di questo principio può essere il caso delle giraffe, la selezione naturale ha portato nel corso di milioni di anni allo sviluppo di giraffe con il collo più lungo per raggiungere le foglie più in alto, tale collo però non poteva essere sostenuto da una struttura fisica esile, vi era infatti bisogno di zampe altrettanto lunghe per aumentare la possibilità di allungo della giraffa, di un cuore abbastanza forte per pompare velocemente ed energicamente il sangue

fino alla testa (parliamo di animali in grado di superare addirittura i 5 metri di altezza) e di un corpo abbastanza massiccio da reggere tutta la struttura del collo ed assecondarlo nei suoi movimenti. Avvenne dunque che quegli individui che avevano un corpo correlatamente sviluppato a tale scopo, riuscivano a esprimere in maniera più efficiente le loro potenzialità nonché ricoprire il ruolo di maschi alfa nella selezione sessuale, mentre gli individui con una struttura più esile, più bassi, con problematiche cardiache ed un rapporto zampe-collo meno armonioso, inevitabilmente erano più esposti ai rischi e ricoprivano il ruolo di maschi Beta nella selezione sessuale, portando quindi la specie a svilupparsi secondo un modello di individuo medio più funzionale (quindi nel nostro caso giraffe dalla struttura fisica forte, funzionale e armoniosa); viceversa nel caso in cui vi fosse stata l'impossibilità di correlare determinate caratteristiche in funzione del percorso di specializzazione evolutiva, ciò avrebbe comportato l'inibizione di tali caratteristiche in cambio di una maggiore funzionalità (ciò che è utile va favorito, ciò che è di intralcio nella sopravvivenza va represso o eliminato).

L'esempio più famoso di tale inibizione riguarda una specie mesozoica estremamente conosciuta, il Tyrannosaurus rex (in realtà ci sarebbero anche i serpenti ma lì il ragionamento è un po' più complesso).
Se noi osserviamo la morfologia di questo gigantesco animale notiamo fin da subito la presenza di una disarmonia molto particolare, ovvero la presenza di arti anteriori estremamente esili in confronto

ad una struttura fisica davvero colossale (parliamo di una creatura che poteva raggiungere i 14 metri di lunghezza, i cui arti inferiori gli permettevano di raggiungere i 4 metri di altezza ma con degli arti superiori di circa 1 metro).

Questo è dovuto al secondo fenomeno sopra esposto; andando indietro nel suo percorso evolutivo osserviamo come i celurosauri antenati del T-rex (che presentavano arti anteriori più lunghi ed una struttura e dimensione più esili) si siano evoluti specializzandosi sulla loro capacità di morso, sviluppando consequenzialmente un cranio più massiccio, sostenuto da vertebre cervicali correlatamente più robuste.

In funzione di tale sviluppo si correlarono anche la comparsa di un corpo ed una coda più massicci sostenuti da arti posteriori possenti, il tutto per rendere le capacità dell'individuo le migliori possibili.

Nello sviluppo di tale efficienza fisica non ebbero però lo stesso ruolo gli arti anteriori, i quali non avvantaggiavano le capacità predatorie del dinosauro ma anzi, a quanto pare erano addirittura un carico superfluo è un rischio in caso di colluttazione con gli altri T-rex (come i dinosauri di oggi anche quelli di allora a volte litigavano tra di loro).

Gli arti anteriori dunque non si svilupparono nelle stesse dimensioni poiché la selezione naturale non favoriva la presenza di arti anteriori massicci, portando dunque tale parte del corpo a inibirsi sempre di più, andando addirittura a perdere alcune dita (in alcuni reperti oltre alle due dita perfettamente sviluppate è presente un terzo osso, una sorta di metacarpo che doveva sostenere un terzo dito ormai scomparso) ma soprattutto a perdere il loro ruolo nella predazione (si pensa che gli arti anteriori fossero utili solo come speroni durante l'accoppiamento) lasciando gran parte dei ruoli di interazione del dinosauro con l'ambiente alla sua bocca.

Ovviamente noi non possiamo prevedere come il percorso evolutivo avrebbe continuato a influenzare (anche perché l'evoluzione è un processo per molti aspetti imprevedibile) la struttura degli arti anteriori ma (seguendo lo sviluppo della sua morfologia) è logico ipotizzare che quegli arti alla fine probabilmente sarebbero diventati semplici speroni o forse sarebbero scomparsi del tutto (come nel caso di molti serpenti attuali che oggi li hanno persi completamente). Tutto questo ragionamento fatto fin'ora ci porta alla comprensione di una logica della creazione molto importante:

"all'interno di una discendenza animale, tutte quelle caratteristiche che sono utili, nel tempo tendenzialmente si sviluppano, mentre tutte quelle caratteristiche che non sono utili, nel tempo tendenzialmente si inibiscono",

di conseguenza:

"tutto ciò che in una specie è sviluppato ha uno scopo concreto alla sua sopravvivenza poiché, se fosse inutile, non si sarebbe mai sviluppato (se non per difetto e/o malattia genetica o, nel

caso della domesticazione, per manipolazioni artificiali da parte di esseri intelligenti)".

Tornando al nostro viaggio abbiamo visto nelle tappe precedenti come i sogni siano un qualcosa di estremamente sviluppato e presente nella nostra specie, il che rende estremamente discutibile identificarli come semplicemente uno scarto mnemonico o un vano prodotto della nostra fantasia ma piuttosto un qualcosa di funzionale e concreto, frutto di milioni di anni di evoluzione. Poiché la nostra specie è di origine selvatica (e anche nel caso dell'Adamo parliamo comunque di una creatura avente una base genetica identica a quella degli altri Homo sapiens) e le sue caratteristiche biologiche sono dunque frutto di un percorso evolutivo, possiamo stabilire fermamente che:

"se i sogni non avessero avuto alcun ruolo fondamentale nella nostra vita, non ci saremmo evoluti con una così marcata capacità di crearli".

Ma se (come abbiamo appurato per analisi logica) i sogni hanno uno scopo, quale è dunque tale scopo?

LO SCOPO DEI SOGNI

Se è vero che l'obiettivo di un viaggio non è la meta raggiunta ma il viaggio stesso che abbiamo intrapreso (poiché è viaggiando che comprendiamo quale sia davvero la nostra meta) possiamo dire (ora che ci avviciniamo alla fine del nostro viaggio) che la risposta a questa domanda l'abbiamo vissuta durante tutto il corso del nostro viaggio.
Se andassimo a rileggere la parte inerente alle tipologie di sogni noteremmo che quasi tutti i sogni producono un risultato comune,

ovvero la divulgazione di informazioni utili allo stesso onironauta nella vita di ogni giorno.

Nella parte precedente abbiamo analizzato il rapporto tra la coscienza e l'inconscio mostrando come i sogni siano prodotti dall'inconscio e mostrati alla nostra coscienza, inoltre nella parte storica di questo viaggio abbiamo visto come in tutta la cultura spirituale e religiosa i sogni vengano percepiti come messaggi, evidenziando come addirittura Dio stesso, ovvero il Creatore dell'uomo e della sua capacità di sognare mandi messaggi ai suoi figli umani tramite i sogni (a testimonianza che dunque i sogni devono avere un significato poiché se fossero qualcosa di vano, nessuno ricevendo un sogno da Dio lo prenderebbe per vero e Dio stesso non userebbe come strumento di transizione qualcosa che gli esseri umani trascurano a motivo della sua inutilità).

Unendo tutti questi punti arriviamo dunque alle lezioni fondamentali del nostro viaggio:

il sogno è la rielaborazione delle informazioni acquisite durante la giornata appena vissuta al fine di prevedere un probabile futuro,

lo scopo dei sogni è quello di connettere inconscio e coscienza così da permettere al nostro inconscio di comunicare con noi (per mezzo di suoni e immagini) ed informarci su quegli elementi che abbiamo acquisito ma che forse abbiamo trascurato, cosi da permettere al nostro istinto di metterci in guardia sui pericoli imminenti ed informarci sulla nostra condizione fisica e mentale,

**lo scopo dei sogni è quello di aiutarci a sopravvivere e gestire meglio la nostra vita così da poter vivere al meglio,
Dio, il nostro creatore, nel cuore della notte può connettersi con le sue creature per mezzo dei sogni e comunicargli i suoi**

**messaggi (dunque, se è nella volontà del Creatore che accada, il
sogno può costituire uno strumento di comunicazione tra Dio e
l'uomo).**

Spero dunque che (nonostante i miei limiti di uomo) con questa mia
trattazione sia stato in grado di spiegarvi un argomento così
particolare e complesso come lo sono i sogni (è stato un argomento
davvero impegnativo da trattare, ma è stato meraviglioso farlo
insieme a voi ♥).
In ogni caso, vorrei adesso fornirvi una metodica più sostanziosa
per aiutarvi non solo nella comprensione ma anche nella vera e
propria interpretazione dei vostri stessi sogni.

COME INTERPRETARE I NOSTRI SOGNI

Passiamo ora alla parte più pragmatica del nostro viaggio, ovvero
come interpretare i nostri sogni; quest'ultima parte offre un modello
di analisi logica basata sulla profonda riflessione personale, di
conseguenza è inevitabile che per poterla applicare in maniera
funzionale sia richiesto un buon sviluppo delle nostre capacità
autocritiche; un interprete dei sogni infatti, non può superare i muri
auto-repressivi se non abbattendoli (è uno di quei casi in cui non
esistono altre vie se non passarci attraverso), vediamo insieme come
procedere; metaforicamente parlando possiamo paragonare l'atto
dell'interpretazione onirica all'addentrarsi in un bosco di rovi e
spine, storicamente infatti abbiamo visto come tale arduo compito
sia stato affidato a persone non comuni, uomini e donne illustri
nonché possessori di un bagaglio di formazione culturale,
scientifica, religiosa, spirituale fermamente stabilito, in funzione per

altro di capacità intellettive di elevata qualità, come nel caso di oniromanti, maghi, sciamani, sacerdoti, profeti, filosofi, scienziati, psicologi e psichiatri, senza parlare poi di Dio in persona (come abbiamo visto in precedenza i testi sacri addirittura affermano che "L'interpretazione dei sogni appartiene a Dio"), il che ovviamente crea uno scenario dove solo un piccolo gruppo di individui ha la possibilità di farlo, il che ovviamente porta a scoraggiarci anche solo dal provare a farlo, ma, da come abbiamo visto nelle analisi precedenti, appare chiaro che se tutti hanno la possibilità di ricevere messaggi significa che la fonte di quei messaggi è pienamente consapevole della nostra capacità di comprenderli, quale senso potrebbe avere mandare un messaggio a qualcuno se quel qualcuno non è in grado di comprenderlo?

Sarebbe un po come conversare con chi non comprende la nostra lingua, o peggio ancora, come parlare ad un muro o ragionare con uno stupido (attività ovviamente dallo scarso risultato).

Non è assolutamente questo il caso del sognatore; infatti tutte le persone o quasi (escludiamo dunque persone che si trovano in situazioni gravi e che quindi necessitano di un supporto terapeutico) sono in grado di interpretare i loro sogni e possono farlo (con la giusta impostazione) in maniera estremamente efficiente.

Quello di cui hanno bisogno è di un metodo che gli permetta di sviluppare un procedimento funzionale e lavorando sulle varie fasi del procedimento, migliorare dunque la propria capacità di interpretazione.

ATTENTI AI FARABUTTI!!!

È bene prima di ogni cosa dissociarsi da metodiche disoneste come coloro che usano i sogni per prevedere i numeri da giocarsi alla lotteria o i risultati delle partite di calcio, questa non è interpretazione dei sogni, questa è ciarlataneria, ovvero l'arte di imbrogliare le persone ingenue promettendo guadagno economico in cambio di denaro.

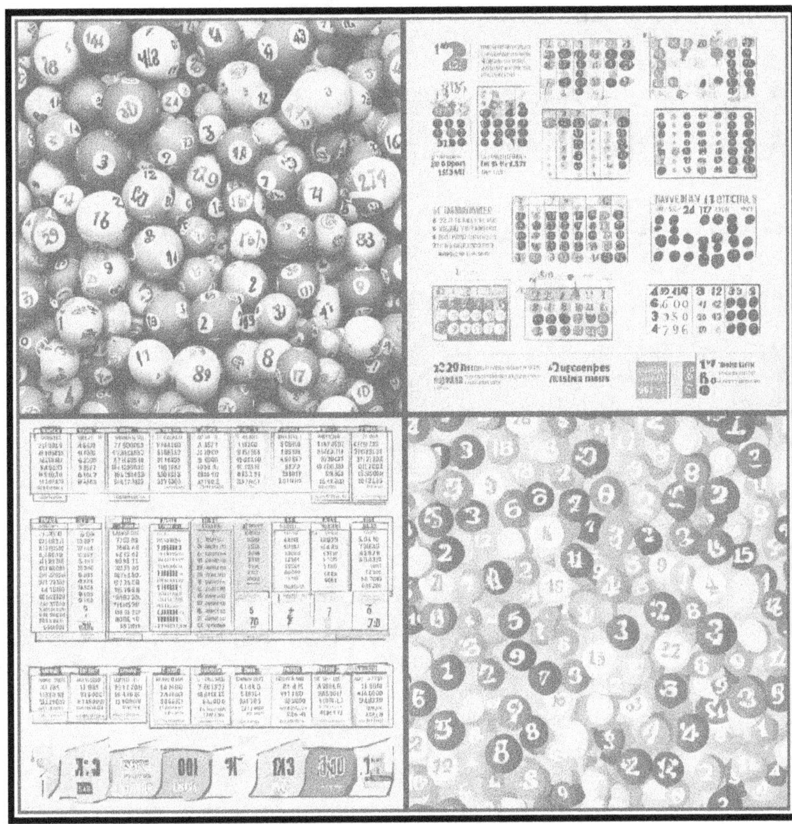

NOTA DELL'AUTORE

Proviamo a rifletterci sopra!

Se una persona è in grado di interpretare i sogni così da guadagnare denaro, avrebbe bisogno di ascoltare i sogni degli altri per interpretare i sogni e guadagnare?

Non potrebbe interpretarsi direttamente i suoi?

E perché invece di farsi pagare non farsi dare una quota della vincita?

È chiaro dunque che tali individui propongono un modello assolutamente ridicolo da seguire ma soprattutto assolutamente riprovevole da eseguire.

I sogni hanno un significato concreto, di conseguenza è logico comprendere che anche il metodo applicato nel tentativo di interpretarli deve essere altrettanto concreto.

NOTA DELL'AUTORE

Ricordate fratelli miei, ogni volta che qualcuno si propone di leggervi le carte, prevedere il vostro futuro con tarocchi o oggetti di stregoneria, ma soprattutto si propone di predirvi i numeri da giocare tramite i sogni, egli altro non sta facendo che insultare la vostra intelligenza classificandovi come "polli da spennare"!

Ricordiamo inoltre che tali discutibili individui appartengono alla classe dei "venditori di fuffa", che nel linguaggio moderno significa, cialtroni, truffatori e imbroglioni!

Perché dunque dovreste mettere la vostra vita nelle mani di persone del genere?

È importante evidenziare come il nostro inconscio non possegga la capacità di costruire un percorso comunicativo razionale, questo a motivo del fatto che l'inconscio segue uno schema operativo e logico indipendente dalla nostra coscienza e non comunica con noi parlandoci in maniera diretta, come faremmo noi con un altro essere umano.

Di conseguenza, avendo un bagaglio espressivo più limitato, per poter comunicare con noi deve necessariamente avvalersi di altre forme a lui disponibili; l'inconscio possiede le nostre informazioni mnemoniche, i nostri ricordi, e i legami che collegano i vari elementi della nostra memoria, di conseguenza cercherà di costruire il suo messaggio usando tali elementi.

L'inconscio possiede inoltre la conoscenza del legame esistente tra informazioni ed emozioni, e conosce conseguentemente quali emozioni ci causa un determinato elemento o un ricordo, dunque userà tali combinazioni per costruire una narrazione onirica dove per mezzo delle nostre emozioni i vari elementi del sogno acquisiranno un significato metaforico, ed intersecandosi tra loro nella narrazione costruiranno il messaggio.

Per rendere più efficiente questa esposizione voglio condividere con voi alcune mie esperienze oniriche così da poterle analizzare come esempi.

LE ESPERIENZE ONIRICHE DI FRATELLO GABRIEL

Tanti anni fa sognai di ritrovarmi in una stanza insieme ad un uomo terrorizzato che guardandomi con gli occhi spalancati mi gridava "Sta arrivando la tigre!!!" e disse il suo  nome (la tigre aveva dunque un nome proprio), poi inizio a sbarrare la porta dicendo "Presto chiudiamo prima che la tigre (ripeté nuovamente il suo nome) provi ad entrare!!!".

Passando ora all'interpretazione, la tigre è un animale estremamente feroce e pericoloso ed aveva il nome di una persona che io personalmente conoscevo, il fatto che quella tigre furente stava arrivando rappresentava il fatto che quella persona era iraconda nei miei confronti e stava cercando di attaccarmi, l'uomo spaventato

rappresentava lo stato di pericolo imminente che avrei potuto subire ed il suo terrore indicava la gravità stessa di quella situazione.
L'atto di barricare la porta rappresentava la necessità di chiudere immediatamente i contatti con quella persona a me nemica (lasciarla fuori da quella camera che rappresentava la mia vita), così da impedire il suo attacco prima che fosse troppo tardi.
Quello che il mio inconscio aveva percepito in quei giorni era che quella persona stava organizzando qualcosa di davvero dannoso nei miei confronti e (come mi venne spiegato in seguito) purtroppo il mio inconscio pur non sapendo cosa stava succedendo nello specifico, aveva fiutato la pericolosità della vicenda, e decise di segnalarmelo prontamente così da potermi mettere in salvo.
Avendo già all'epoca acquistato la consapevolezza di poter interpretare i miei sogni riuscì a capirlo e nonostante quello che il sogno mi stava indicando era in palese opposizione a ciò che coscientemente avevo deciso di fare, decisi di andare contro la ragione e di seguire il mio sogno.
Grazie a questa perspicacia riusci ad evitare il pericolo.
Passando ora al secondo sogno, esso lo feci in un periodo estremamente particolare della mia vita in cui lavoravo letteralmente ogni giorno.
Non mi sentivo particolarmente stanco eppure vi era una sorta di malessere interiore che mi attanagliava senza riuscire a capirne il perché (avevo i soldi, un lavoro, una carriera, cosa c'era che non andava?).
Feci dunque un sogno che diede risposta a questa mia lacuna: sognavo di tornare a casa dopo l'ennesimo turno di lavoro, ma quando dissi "Sono a casa!" nessuno mi rispose.
Scesi al piano di sotto e scopri che un mio familiare era deceduto, ed in preda alle lacrime e alla disperazione dissi: "Ho sprecato tutta la mia vita a lavorare e ora la mia famiglia non c'è più!
Se solo potessi tornare indietro dedicherei più tempo

alla mia famiglia e meno al mio lavoro, la famiglia è più importante del lavoro".

In quel momento il mio familiare si sveglio dalla morte come se fosse stato solo un sonno.

Il mio inconscio tramite questo sogno mi comunico cos'era la mia mancanza.

Il mio malessere emotivo era dovuto alla lontananza fisica dalle persone a me care.

Per ritrovare il mio equilibrio avrei dovuto mettere al primo posto la mia famiglia dedicandogli tempo di qualità.

Così io feci (secondo il saggio consiglio del mio inconscio) e poco dopo aver cambiato il mio rapporto famiglia/lavoro tutti i malesseri che attanagliavano la mia mente in quel periodo scomparvero.

Capiamo dunque che tramite l'uso di simboli e metafore i sogni ci guidano attraverso le nostre necessità costituendo al fine un importante strumento di cura e benessere.

Ovviamente però bisogna evidenziare che tutto il ragionamento appena esposto riguarda esclusivamente i sogni di origine naturale. Nel caso dei sogni di origine sovrannaturale (come ad esempio i sogni di origine divina, ad esempio quello che ebbe Abramo) il ragionamento è un po' diverso.

I sogni che hanno origine da Dio a volte sono ricchi di metafore (come nel caso dei sogni di Faraone o di re Nabucodonosor di Babilonia) ma altre volte invece sono ricchi di indicazioni dirette (come quando l'angelo di Dio apparve in sogno a Giuseppe ordinandogli chiaramente di prendere la sua famiglia e di fuggire in Egitto).

Vorrei ora anche in questo caso porvi la mia testimonianza (ricordiamo che è impossibile per una persona esterna determinare se il sogno di qualcuno sia effettivamente naturale o sovrannaturale, di conseguenza i sogni mandati da Dio rimangono comunque verità spirituali soggettive e dunque non confermabili da altri) così che possa costituire anche in questo caso un esempio:

tempo fa (un periodo in cui mi sentivo solo e abbandonato) chiesi a
Dio in preghiera…

NOTA DELL'AUTORE

In merito a ciò voglio evidenziare che se si vuole ricevere un sogno
da Dio è doveroso chiederlo con supplica e preghiera, specificando
di cosa si ha bisogno e mostrando l'umiltà di riconoscere la sua
guida e autorità, nonché il potere effettivo di Dio di parlare all'uomo
per mezzo dei sogni stessi o di altro mezzo da lui stabilito, quando,
se, dove e come vuole.

"Non siate mai ansiosi per nessun motivo, ma in ogni caso le vostre
richieste siano mandate a Dio tramite suppliche e preghiere, insieme
a ringraziamenti" (Lettera dell'apostolo Paolo alla congregazione dei
filippesi, capitolo 4, versetto 6).

…quella notte, Dio mi mandò un sogno dove mi disse che domani
sarei dovuto andare ad una riunione, poiché vi erano 3 persone che
avevano qualcosa da dirmi.

Io non avevo idea di chi fossero ed ero anche un po preoccupato
(pensavo infatti che fosse un messaggio di allerta del tipo evita quel
luogo poiché ci sono 3 persone a te ostili o comunque che non
sarebbe stato niente di buono).

Eppure andai lo stesso, poiché desideravo ardentemente vedere con
i miei stessi occhi l'adempimento di un sogno mandato da Dio
(evidenziamo infatti che questo tipo di sogno è estremamente raro,
di conseguenza è da considerarsi un grande dono spirituale, da
cogliere in quel momento con la consapevolezza che potremmo mai
più riceverne altri).

Quando andai in quel luogo mi misi a sedere e mi guardai intorno
chiedendomi chi fossero queste 3 persone.

All'improvviso durante la riunione, un oratore introdusse

un video affermando:
"Vediamo ora cosa hanno da dirci queste tre persone!".
Vidi quel toccante video che parlava di come Dio non avesse mai abbandonato quelle tre persone e di come esse non erano davvero sole poiché lo spirito di Dio era sempre con loro.
Rimanendo fortemente sbalordito da tale intensità emotiva guardai il programma della riunione e vidi che quel discorso aveva per tema "Dio ha cura degli orfani!".
In un periodo di solitudine Dio ascoltò le mie preghiere, si commosse delle mie suppliche e rispose alla mia preghiera mandandomi un sogno affermante che io non ero da solo poiché Dio non mi aveva mai abbandonato, e di non aver timore poiché Dio avrebbe avuto cura di me (come aveva sempre fatto, anche se io non me ne ero accorto).
In questo caso vediamo come il sogno presentava elementi letterali e conteneva indicazioni, non dettagliate, ma comunque abbastanza precise e letterali (dobbiamo ricordare che nel caso dell'inconscio vi è un incapacità comunicativa diretta che gli impedisce di parlare apertamente con noi che viene colmata con immagini e suoni, mentre nel caso dei sogni che hanno origine da Dio questa lacuna è totalmente assente e dunque il messaggio può avere anche informazioni dirette).
Dopo aver spiegato tutto questo possiamo ora passare al come analizzare i propri sogni.

IL METODO INTERPRETATIVO

Come primo passaggio, dobbiamo ricordare il sogno in tutti i suoi dettagli possibili (ogni dettaglio è importante), ciò però può risultare alquanto difficile sfruttando le pure capacità mnemoniche, questo perché la nostra memoria scompone i nostri ricordi in informazioni più semplici per poi ricomporle utilizzando gli

elementi mnemonici ancora presenti e colmando le lacune
mnemoniche con informazioni attinte dalla nostra memoria ma non
facenti parte del ricordo originale, andandone così a storpiare il
nostro ricordo (teniamo presente che ogni elemento dei nostri sogni
è stato collocato in essi per un motivo, dunque è fondamentale
cercare di non perderne il maggior numero possibile), cosa che
potrebbe avvenire facilmente poiché i sogni persistono quasi
esclusivamente nella memoria a breve termine.

Avendo dunque a disposizione un tempo limitato (a volte meno di 5 minuti dal risveglio) è bene nel momento in cui ci si sveglia mettere immediatamente per iscritto tutto ciò che ci si ricorda.
In alternativa si potrebbe fin da subito iniziare a ragionare con le informazioni ancora fresche (cosa che io personalmente ho provato varie volte ma con risultati quasi sempre discutibili, nonché con il ricordo parziale di essi ancora in mente svilito dalla mancanza delle informazioni minori, necessarie a collegare il tutto) ma a motivo del reale rischio di dimenticare le informazioni più piccole è bene mettere tutto per iscritto al fine di essere più sicuri (per altro quando si cerca di ragionare su qualcosa, a priori è utile mettere i dati per iscritto, così da avere una base statica su cui lavorare i propri pensieri), dunque consiglio comunque di mettere tutto per iscritto (io personalmente uso spesso registrare tutto in formato audio per poi ricopiarlo).
Una volta messo per iscritto bisogna scomporlo in tutte le parti possibili, ogni singolo elemento va separato da tutti gli altri come se fosse indipendente.
Una volta completato il processo di suddivisione bisogna analizzare criticamente ogni singolo elemento in funzione della nostra emotività.

Questo è fondamentale perché capire come percepiamo emotivamente quel soggetto ci permette di capire come lo ha percepito il nostro inconscio nel momento in cui ha scelto di utilizzarlo.

Fermiamoci dunque a ragionare alcuni minuti su ogni soggetto domandandoci quali emozioni ci susciti, quali sensazioni percepiamo quando pensiamo a quel soggetto, inoltre (essendo l'inconscio attivo anche durante la giornata) dobbiamo chiederci che rapporto abbiamo con quel soggetto nella vita reale (che emozioni abbiamo provato nel rapportarci o nel pensare a quel soggetto durante la giornata?).

Questo ultimo punto è molto importante poiché come abbiamo visto l'inconscio possiede quello che definiamo come istinto, il quale a sua volta possiede già una vasta serie di comportamenti innati (o acquisiti durante l'infanzia) che ci porta a interpretare in un certo modo gli elementi onirici.

Tale rapporto però può essere radicalmente stravolto dalle nostre inclinazioni di vita che potrebbero alterare il significato che l'inconscio dona ai vari elementi del sogno.

Per fare un esempio: immaginiamo di sognare un serpente che esce fuori da una tana:

I nostri antenati spesso avevano rapporti non particolarmente amichevoli con i serpenti (basta pensare ad esempio, che addirittura nel racconto del giardino di Eden l'inizio delle sofferenze umane viene innescata dall'intromissione di un serpente nella vita

degli uomini, a testimonianza di come in passato spesso siano
entrati nell'immaginario collettivo come figure maligne, delle quali
avere paura), li temevano, ne erano a volte addirittura terrorizzati,
mostrando loro sacro timore, immaginavano serpenti mangiatori di

uomini e stavano attenti ai
loro giacigli e oggetti
personali avendo reale paura
dei loro morsi letali.
Tutto questo ha portato lo
sviluppo di un timore
ancestrale e inconscio dei
serpenti, di conseguenza tale
terrore fa si che il serpente
che fuoriesce da una tana
rappresenti una propria paura
primordiale che riemerge,
eppure, se nel nostro
trascorso di vita individuale
avessimo avuto un esperienza con dei serpenti, il serpente potrebbe
rappresentare quell'evento nello specifico, mentre nel caso di un
appassionato di serpenti, causando i serpenti un emozione positiva,
il serpente del sogno avrebbe anch'esso un significato positivo (in
alcune culture antiche ad esempio, il serpente era considerato
invece simbolo della fertilità, di conseguenza, in un contesto del
genere, sognare un serpente che esce da una tana potrebbe essere un
simbolo di rinascita o di prosperità).
Proprio per questo è importante ragionare sul rapporto personale
con il soggetto che stiamo analizzando.

Una volta stabilito come interpretare i singoli elementi bisogna cercare di comprendere perché tali elementi si relazionano tra di loro così da riuscire a ricostruire il senso logico del nostro sogno.

In un certo senso possiamo considerare il sogno in tutte le sue parti come una sorta di puzzle, dove in una visione d'insieme i vari pezzi

sembrano sconclusionati, come se fossero presenti sul tavolo solo per creare quella caotica confusione che non ti permette di comprendere il senso di ciò che stai guardando, eppure, tutti quei

pezzi sono li per un motivo, ed anche se non sembra
apparentemente possibile, essi possiedono una logica comune che
gli permette di legarsi tra di loro in maniera perfettamente
armoniosa, bisogna solo capire come incastrarli tra di loro.
Lo stesso vale conseguentemente per il significato degli elementi
del sogno, essi sono lì poiché unendosi agli altri compongono un
messaggio, bisogna capire dunque come si intersecano tra di loro i
vari significati, cosa che richiede ovviamente la coltivazione e lo
sviluppo della logica (più una persona sviluppa il proprio pensiero
riflessivo e le proprie capacità logiche, più le sue capacità
interpretative miglioreranno, dunque allenate la vostra logica!).
Facciamo ora degli esempi:

immaginiamo di sognare un pinguino imperatore in mezzo alla distesa antartica.
La distesa antartica è un luogo estremamente inospitale, visivamente un luogo desolato, tale luogo comunica un senso di vuoto e desolazione, il pinguino, in grado di sopravvivere in
luoghi così inospitali dà un senso di forza e resistenza.
Il fatto di essere l'unico soggetto del sogno rende il pinguino una
metafora del senso di solitudine che sta vivendo in quel periodo, ma
se il capo del pinguino fosse chino, ciò indicherebbe il malessere

interiore che il sognatore sta vivendo, il che unendosi allo sfondo antartico indicherebbe che il malessere interiore è dovuto al fatto di percepire la propria vita vuota (l'ambiente diventa così una metafora della propria vita e il pinguino il simbolo del fatto di essere vittima di una vita priva di stimoli), ma se il pinguino fosse a testa alta, fiero e massiccio, ciò indicherebbe il benessere della solitudine, se stesse mangiando del cibo ciò potrebbe indicare la forza e l'indipendenza (ovvero il fatto di riuscire a farcela da soli) ma se il pinguino iniziasse a scappare via o peggio ancora si togliesse la vita, ciò indicherebbe il bisogno di fuggire (o mettere fine) dalla vita attuale, la necessità di non vivere più questo stile di vita e dunque cercare qualcosa di nuovo (in poche parole si potrebbe interpretare come "abbandona tutto, ricomincia da te stesso e rifatti una vita!").

Ovviamente tale analisi non è assoluta, le interpretazioni che facciamo potrebbero essere comunque errate (il fraintendimento è una costante dell'umanità), per questo è importante essere autocritici, onesti e non reprimere nessuna emozione poiché non aprirsi completamente all'autoanalisi limiterebbe la nostra capacità interpretativa, non permettendoci di comprendere a pieno il sogno e perdendo così una preziosa opportunità per capire meglio noi stessi (sarebbe in un certo senso come ricomporre un puzzle nonostante l'assenza di alcuni pezzi, cosa che definiremmo come uno sforzo che richiede molto tempo e concentrazione ma che sappiamo già che non porterà a nulla).

La capacità di interpretare i sogni è un arte, e in quanto tale va coltivata con impegno, dedizione e spirito critico.

Possiamo riassumere il concetto affermando che esiste un rapporto direttamente proporzionale tra l'allenamento ed il miglioramento, più ci si eserciterà nell'interpretazione dei propri sogni più si migliorerà la nostra capacità di farlo (la pratica di per sé non rende perfetti...ma con la giusta tecnica, unita a dedizione e motivazione intrinseca ed anche un po' estrinseca ci si arriva vicino!), permettendoci così di migliorare il nostro rapporto con l'inconscio, entrare in profonda connessione con la nostra interiorità, che sia fisica, emotiva o spirituale, ma soprattutto, ci permetterà di comprendere meglio noi stessi, quello che eravamo, chi siamo davvero ma soprattutto quello che un giorno potremmo essere!

CONCLUSIONI

Bene miei cari lettori e mie care lettrici, siamo ora giunti in fine al termine del nostro viaggio, un viaggio breve, colmo di misteri e a volte contraddizioni, ma allo stesso tempo ricco di conoscenza e spunti di riflessione.

Abbiamo visto come i sogni hanno affiancato l'uomo dall'alba dei tempi, di come abbiano guidato l'umanità in tempi difficili e di come anche Dio stesso abbia sfruttato i sogni per entrare in contatto con l'uomo e sostenerlo nelle sue sfide più dure, elevando così la natura stessa del sogno ad un ponte trascendentale tra l'umano e il divino.

Indistintamente dalle moderne conoscenze il sogno rimane uno dei più grandi strumenti naturali a nostra disposizione per capire meglio noi stessi, comprendere chi siamo, chi eravamo, e chi potremmo un giorno diventare.

Il mio ruolo di guida nel vostro viaggio personale per il momento è terminato, spero sinceramente che vi sia piaciuto, che vi abbia divertito, intrattenuto ed in qualche modo donato un punto di appoggio per la vostra crescita personale, così da **poter guardare ancora un po' più in là nell'immenso e misterioso viaggio che è la nostra esistenza...**

ora però, prima di andare miei cari vorrei concludere questo nostro viaggio raccontandovi una storia...

in Africa…

Ogni notte un leone si addormenta e sa che
deve sognare, così che la notte, maestra e
consigliera di vita, gli indichi la strada
migliore per raggiungere la gazzella e
divorarla;

sempre in Africa…

Ogni notte una gazzella si addormenta e sa
che deve sognare, così che la notte, maestra
e consigliera di vita, gli indichi la strada
migliore per mettersi in salvo dal leone e
non essere divorata;

morale della storia?
Siate leoni o gazzelle, l'importante è sognare!

Ok lo ammetto…forse non era proprio così la storia…diciamo che
sono andato un po' di fantasia…ma alla fine non fa
niente…dopotutto…

"Meno male che almeno l'uomo può sognare!!!"

Un abbraccio, dal vostro caro Fratello Gabriel.

INDICE

E grazie per aver letto il mio libro♥

Stampato per conto di
Youcanprint

www.ingramcontent.com/pod-product-compliance
Lightning Source LLC
Chambersburg PA
CBHW081250130726
47998CB00010B/2743